百科通识文库
49

动物权利

戴维·德格拉齐亚 著
杨通进 译

外语教学与研究出版社
北京

京权图字：01-2006-6872

图书在版编目（CIP）数据

动物权利 /（美）德格拉齐亚（DeGrazia, D.）著；杨通进译. — 北京：外语教学与研究出版社，2015.8
（百科通识文库）
ISBN 978-7-5135-6521-9

Ⅰ. ①动… Ⅱ. ①德… ②杨… Ⅲ. ①动物－普及读物 Ⅳ. ①Q95-49

中国版本图书馆CIP数据核字(2015)第198841号

出 版 人	蔡剑峰
项目策划	姚 虹
责任编辑	徐 宁
封面设计	泽 丹
版式设计	锋 尚
出版发行	外语教学与研究出版社
社 址	北京市西三环北路19号（100089）
网 址	http://www.fltrp.com
印 刷	三河市紫恒印装有限公司
开 本	889×1194 1/32
印 张	6
版 次	2015年9月第1版 2015年9月第1次印刷
书 号	ISBN 978-7-5135-6521-9
定 价	20.00元

购书咨询：（010）88819929 电子邮箱：club@fltrp.com
外研书店：http://www.fltrpstore.com
凡印刷、装订质量问题，请联系我社印制部
联系电话：（010）61207896 电子邮箱：zhijian@fltrp.com
凡侵权、盗版书籍线索，请联系我社法律事务部
举报电话：（010）88817519 电子邮箱：banquan@fltrp.com
法律顾问：立方律师事务所 刘旭东律师
中咨律师事务所 殷 斌律师
物料号：265210001

百科通识文库书目

历史系列：

美国简史
探秘古埃及
古代战争简史
罗马帝国简史
揭秘北欧海盗
日不落帝国兴衰史——盎格鲁－撒克逊时期
日不落帝国兴衰史——中世纪英国
日不落帝国兴衰史——十八世纪英国
日不落帝国兴衰史——十九世纪英国
日不落帝国兴衰史——二十世纪英国

艺术文化系列：

建筑与文化
走近艺术史
走近当代艺术
走近现代艺术
走近世界音乐
神话密钥
埃及神话
文艺复兴简史
文艺复兴时期的艺术
解码畅销小说

自然科学与心理学系列：

破解意识之谜
密码术的奥秘
恐龙探秘
情感密码
全球灾变与世界末日
简析荣格
人类进化简史
认识宇宙学
达尔文与进化论
梦的新解
弗洛伊德与精神分析
时间简史
浅论精神病学
走出黑暗——人类史前史探秘

政治、哲学与宗教系列：

动物权利
释迦牟尼：从王子到佛陀
死海古卷概说
存在主义简论
《旧约》入门
解读柏拉图
读懂莎士比亚
世界贸易组织概览
《圣经》纵览
解读欧陆哲学
欧盟概览
女权主义简史
《新约》入门
解读后现代主义
解读苏格拉底

目 录

图 目

前言与致谢

在撰写这本关于动物权利的小书时，我很自然地在其中融入了自己对相关问题的理解。基于这一理由，我不能声称自己将以完全中立的态度来讨论这些问题。我不仅主张有感知能力的动物拥有道德地位，而且认为它们应获得同等的考虑（第二章将阐述这一术语的特定意义）。同时，由于我认为另一种观点——“差别对待模式”——也几乎是同样令人信服的，因此，我在本书中将同时考察关于动物道德地位的这两种观点的意涵。然而，由于我发现，那种认为有感知能力的动物完全没有道德地位的观点是站不住脚的，因此，在尝试驳斥这种观点以后，我基本上就不再讨论它了。

在撰写本书的几年以前，我写过一本篇幅更长、学术性更强的书，即《认真对待动物：精神生活与道德地位》（剑桥：剑桥大学出版社，1996）。如果说那本书所面对的读者群主要是学者的话，那么，本书则是为那些想了解与动物权利有关的伦理和哲学问题的、勤于思考的人所写的。因此，在避免过于简单化的前提下，我尽力把《动物权利》写得通俗易懂；我还在每一章加入了一幅或多幅插图，给每一章都开列了关于参考文献、资料和（在某些情况下）推荐读物的清单，而不是添加正式的脚注。对于那些已经阅读过《认真对待动物》的读者来说，本书所包含的下述内容或许是有趣的：对人们对待动物的态度的简要历史回顾、关于“动物权利”一词的不同含义的讨论，以及对动物实验问题的详细考察——本书对这些问题的讨论都超越了前一本书的论阈。

在本书杀青之际，我想对几位一直给我帮助的人士表达感激之情。牛津大学出版社大众图书编辑部主任乔治·米勒邀请我提交了本书的写作提案，并协助了最初的讨论使提案得以完善；后来，丽贝卡·奥康纳和凯瑟琳·汉弗莱斯在文字编辑方面又给了我诸多帮助。作为本书的外请审阅者，罗伯特·加纳给了我诸多鼓励，并提出了许多建设性的批评和建议。与伯纳德·罗林就动物的精神生活、与保尔·夏皮罗就动物保护行动主义，以及与彼得·辛格就与动物有关的一系列伦理问题所进行的讨论都使我获益良多。最后，我要感谢我所有的家人，特别是凯瑟琳和佐薇的爱和帮助。

戴维·德格拉齐亚

华盛顿，2001年7月

第一章

绪论

2001年4月，根据一条匿名消息提供的线索，总部设在华盛顿的一个动物权利组织——“爱心战胜杀戮”（Compassion Over Killing，略作COK）开始着手调查一个大型养鸡场，该养鸡场属于美国马里兰州塞西尔顿的ISE-America农业公司。在ISE的管理者拒绝了他们的探访请求后，COK的积极分子于夜晚携带摄像机秘密潜入了这个养鸡场。COK的代表随后在一个记者招待会上披露的录像使许多观看者大为震惊。现场的观众看到，数千只母鸡拥挤在由铁丝制成的层架式小笼子里，其中许多已经羽毛脱落并奄奄一息。有些鸡被粪便所覆盖，一些被卡在铁网间动弹不得。还有少数鸡已经死亡并开始腐烂。这些积极分子解救了8只被当地兽医诊断为健康状况很差的小鸡；在我撰写本书时，他们正开始发动一场全国性的禁止层架式铁

图1 一名正在拍摄养鸡场内部的动物权利积极分子

笼养鸡的运动。因此，他们的目标不只是专门针对ISE公司（尽管该公司的铁笼设备很有代表性），而是针对整个蛋类生产行业。

由动物保护积极分子所发动的这类运动有时是很成功的。面对来自积极分子的压力，欧盟决定在2012年前逐步淘汰层架式铁笼养鸡法。并且，在2000年夏天，麦当劳宣布，它的餐馆只从那些给母鸡提供了72平方英寸铁笼空间的产蛋厂家购买鸡蛋——这比美国的行业标准几乎高了50%。

这类事件反映了一个重要的文化现象，即当代动物权利运动的兴起；该运动对关于非人类动物的道德地位的根深蒂固的传统观念提出了挑战。大多数人都反对虐待动物，并认为动物是有道德意义的。但同时，允许人们几乎不受限制地利用动物的传统观念又深深地影响着我们的信念和日常行为。面对这类相互冲突的信念，我们能够体验到道德和理智的张力；而这种张力则会促使我们努力去解决此类问题。我们应当如何理解动物与人相比所具有的道德地位呢？传统主义者和动物权利的拥护者都认为，这个问题的答案与我们如何理解动物本身密切相关：动物是什么样的生物？特别是，它们的精神生活如何？

在讨论这些以及相关的问题时，从历史的角度勾勒关于动物的传统看法和新近兴起的动物权利运动将对我们有所帮助。下面的概述得益于贝考夫（Bekoff）、埃根森（Egonsson）、雷根（Regan）和辛格（Singer），特别是泰勒（Taylor）（参见 References，sources，and further reading）；这个概述非常简洁，因此在关于传统和当前对待动物的态度的主要资料上必然是有所选择的。

历史概述

纵览整个世界，关于动物道德地位的传统思想主要来自于宗教和哲学，它们与科学相互影响，共同构造了关于动物究竟是何种生物的概念。然而，值得注意的是，把哲学和宗教区分开来的趋向主要存在于西方思想中，而把哲学与科学区分开来也只是相对现代的事情。在西方，亚里士多德（Aristotle）的下述观点影响颇深：动物有感觉但缺乏**理性**；它们在自然等级体系中低人一等，因而是实现人类目的之恰当资源。他认为，由于动物缺乏理性灵魂，我们对待动物的方式就不存在公正与否的问题。亚里士多德还认为，由于依其所述男人的推理能力比女人强，因而男人天生就比女人优越；而且，有些人——他们在体格（而非心智）方面更强——天生就适合做奴隶。在古希腊时期，持有不同观点的人包括毕达哥拉斯（Pythagoras）和泰奥弗拉斯托斯（Theophrastus），前者认为动物可能是由人类转世而成，后者则认为动物具有一定的推理能力。但是绝大多数随后的西方哲学家和神学家的观点都与亚里士多德的理论一致：动物是为人类的使用而存在的，只有人类具有理性。

《圣经》声称，上帝按照他自己的形象创造了人类，而我们人类可以为了满足自己的目的随意使用自然资源——包括动物；这一观点极大地强化了亚里士多德式的关于动物的观点。另一方面，通过宣称**所有的**人类都是按照上帝的形象创造的，《圣经》为人人平等的观念提供了合法证明，而这与希腊思想（包括亚里士多德的思想）赞成贵族统治的倾向是背道而驰的。在中世纪，基督教哲学家如奥古斯丁（Augustine）和托马斯·阿奎那（Thomas Aquinas）等都强化了这一主张，即动物之缺乏理性证明了它们被人统治的合理性——自那时以来，大多数基督徒都接受这种理论。更古老的犹太教传统虽然赞成动物从属于人类的观念，但它比基督教更强调尽可能减少给动物带来痛苦的重要性。基于所有的上帝创造物都值得同情这一信念，犹太教的这种关怀既体现在犹太教关于屠宰和食用动物的教义中，也体现在对那些为娱乐而追猎、斗牛和斗狗的谴责中。伊斯兰教——第三个亚伯拉罕宗教传统——虽然赞成人类是最为重要的，且动物是为人类的便利而存在的，但是，《古兰经》仍禁止虐待动物，而且它或许也认为（取决于读者的理解）动物具有一定程度的理性；更重要的是，据说先知穆罕默德说过：“谁善待真主的造物，谁就是善待自己。”

虽然现代西方哲学之代表人物的观点显示出有趣的差异，但现代西方哲学（这个时期开始于17世纪的笛卡尔[Descartes]，延续到19世纪后期）基本上坚持人类至上的观点，这反映了这段时期占统治地位的基督教的影响。现代科学完全用机械论术语来描述自然，取代了长期占统治地位的亚里士多德式的这一自然观：自然是有目的的，而且有点类似于一个生命体。在这种背景下，勒内·笛卡尔认为，把动物（自然界的一部分）看作有机的机器是很自然的，它们不仅完全缺乏理性并且完全缺乏**情感**。他认为，人的身体是自然界的一部分，而人的本质——以独一无二的语言能力和创造性的行为为代表——只存在于人的心灵、精神或灵魂（只有这些部分才拥有意识）中。但是，笛卡尔认为动物甚至感觉不到痛苦的观点使大多数哲学家感到震惊，因为这有悖于常识。所以托马斯·霍布斯（Thomas Hobbes）、约翰·洛克（John Locke）、伊曼努尔·康德（Immanuel Kant）和其他人都认为动物具有感觉和情感，但他们都否定动物拥有某些要获得重要的道德地位所必需的特性，例如理性或理解一般概念的能力。在康德的有巨大影响的道德哲学中，**自主性**，或从自然的因果决定论中解放出来的自由，是证明人类使用动物的正当性的决定性因素。

尽管关于人类优越性的断言明显地支配着现代哲学，但其他不同的观点也同样存在。大卫·休谟（David Hume）就是这种观点的一个代表。休谟把同情看作道德的基础，而且同情可以延伸至人以外的有感知能力的动物。不过，在休谟看来，公平概念关涉的是那些力量大致相等的人之间的契约，因而与我们对待动物的行为无关。更激进的是功利主义的先驱杰里米·边沁（Jeremy Bentham）的观点。边沁认为，正确的行为给受该行为影响者带来的快乐应该最大限度地超过给其带来的痛苦。边沁在一个脚注中对这个标准的意涵作了说明，他宣称，功利原则必须把有感知能力的动物考虑进去，因为它们能够感受到的快乐和痛苦并不比人类少。因此，边沁把人类给动物施加痛苦的司空见惯的行为批评为“暴君行为”。后继的功利主义者约翰·斯图亚特·密尔（John

Stuart Mill）提出了一个更复杂的功利概念，其中，人类的典型快乐——例如智力、美学和道德方面的快乐——在计算功利量时比通常的感性快乐更具分量。然而，这种向人类优越论的理论倒退却使密尔认识到了日常的动物使用行为与考虑动物权益的无偏私的道德立场这两者之间的张力。与此同时，相对异端的阿瑟·叔本华（Arthur Schopenhauer）反对把理性、自主性、自我意识和权力看作道德地位的首要决定因素。受印度教和佛教的影响，叔本华认为，道德生活要求对所有能够感受到痛苦的生物表示同情。不过，在他看来，人类更发达的智力增加了他们感受痛苦的能力，因而给人类遭受的痛苦以更多的道德关怀是合理的。

在现代科学的舞台上，对我们理解动物作出最大贡献的是查尔斯·达尔文（Charles Darwin）在19世纪所做的工作，他证明了人类是从其他动物物种进化而来的。他还有力地指出，动物与人类的能力差异主要是程度上的而非性质上的，尽管这一观点的影响要小得多。基于仔细的观察，达尔文坚信，许多动物也有一般的概念、某些推理能力、初级的道德情感和复杂的情绪。一直以来，科学家们基本上都忽视了达尔文的这些观点，直到最近才有所改观，但是，进化论——特别是与遗传学相结合时——还是证明了，那种认为人与动物之间在认知方面存在着无法逾越的鸿沟的观点是站不住脚的。

我们的历史概述到目前为止只限于西方传统。在转到19、20世纪的动物权利运动之前，让我们来考察一下非西方传统的主要观点；在某些方面，这些非西方传统与西方思想形成了有趣的对比。

虽然一个西方人和一个东方人可能都会说生命是神圣的，但只有东方人在心里想到的是**所有的**生命。印度的耆那教、印度教和佛教传统，都以某种方式接纳不杀生（*ahimsa*）的信条，即提倡不伤害所有有生命的事物，并且对所有的生命都保持敬畏。这些传统都有着转世再生的信仰。耆那教徒和佛教徒都强调有生命之物的互通性，提倡素食，并反对传统的用动物献祭的行为。印度教实际上是由一些不同的宗教组成的，它在近几个世纪发生了相当大的变化，这种变化部分地是源于佛教徒和耆那教徒的影响。不杀生已成为印度教的核心信条，同时动物献祭也变得越来越少见。今天，许多印度教徒都认为，残害生命将会使行为者在今后遭受痛苦，这种观点从自利的角度为动物保护伦理提供了一个坚实的基础。同时，在远东，古老但仍生生不息的儒学传统强调万物一体，并认为人类与动物的能力仅仅在程度上有所不同。相应地，孔子的追随者们尽管承认人类具有明显的优越性，但却努力培育万物一体的情感，并同情所有遭受痛苦的生物。

在美洲大陆，当地的土著人（他们可能来自亚洲，横跨现在的俄罗斯到达阿拉斯加）倾向于认为，精神赋予了自然以生命——这与笛卡尔的机械自然观形成了鲜明的对比。为了与他们认为动物生命具有某种精神性的看法保持一致，美洲的土著人一般都接受了尊重动物的原则，虽然他们也准许（恭敬地）杀死和食用动物。

总而言之，西方传统大体上持这样一种观点：由于只有人类才是具有自主性的、理性的、有自我意识的、或能够理解正义的，因而只有人类才拥有、或至少拥有更高的道德地位。动物普遍被看作是为人类所用而存在的。非西方传统既本身呈现出重大的差异，也与西方传统迥然有别。从总体上看，我们通常发现两个朝不同方向发展的观点：一个慎重地承诺保护动物的利益和尊重动物的生命——不论是认为它们的生命具有内在价值还是仅仅作为人类自我救赎和繁荣的工具，另一个则确信人类比其他动物更重要。

虽然西方传统比非西方传统在对待动物上普遍地更缺乏尊重，但当代关于动物权利的思想和政治见解却兴起于西方。第一次重大的动物权利运动开始于19世纪的英格兰，这场运动的起因是反对把未经麻醉的动物用于科学研究。这场运动引发了保护动物的抗议活动，促进了英国的立法改革，也催生了大量动物保护组织，特别是在讲英语的国家。然而，反对用动物做研究的呼声在20世纪初开始衰落；尽管一些早期的保护动物的仁爱组织依然存在，但这场运动丧失了动力并逐渐从公众的视线里消失。

在20世纪60、70年代，英国、美国和西方其他一些国家的政治和学术氛围对一场新的仁爱运动持接纳的态度。反对种族和性别歧视的民权运动为反对其他形式的歧视打开了方便之门。对环境污染和环境破坏的关注为强调对动物个体的关怀创造了逻辑和文化的空间，因为动物明显受到环境状况的影响。在科学上，一度占统治地位的行为主义理论逐渐衰落；行为主义禁止讨论动物（或人）的“内心状态”，这使得很难为同情动物找到科学上的依据。1976年，唐纳德·格里芬（Donald Griffin）出版了《动物的意识问题》一书，催生了一场影响日隆的科学运动——认知生态学；认知生态学在进化论的背景下研究动物行为，并把“内心状态”确定为信念、欲望和情感。1975年，彼得·辛格出版了《动物解放》，这是一个关键性的事件；该书把有说服力的哲学推理用易理解的文字表述出来。这本书促成了大量关于动物道德地位的严肃的哲学著作的产生——一个20世纪哲学家普遍忽视的话题，同时，该书还激发了许多人成为动物保护的积极分子。

正是在这种包容性的文化空间里，近年来的动物权利运动得以兴起。这个运动的重要进展包括1963年“英国抵制打猎协会”的成立、1971年“绿色和平组织”的建立以及1980年“善待动物协会”的成立。今天，动物权利运动有数百个组织和数百万成员，在立法方面也取得了一些突破，这里仅列举少数几个例子，如非常超前的《瑞典动物福利法》（1988）、《英国禁用板条牛圈关押小牛法》（1990）和《国际海豚保护法》（1992）。在科学界，寻找动物研究替代品的做法在一些领域里被广泛推崇。个人基于伦理的原因放弃吃荤在20或30年前还显得反常而古怪，但现在，符合道德的素食主义已进入主流社会并发展迅速。

西方文化已发生了改变，变得越来越接受动物权利的观念，越来越认真地探究与动物的道德地位和精神生活有关的问题。我们在新闻中看到动物保护积极分子已不再感到诧异。今天，许多人都努力解决善待动物的相关问题，他们都希望进一步理解并弄清与动物权利有关的问题。

本书计划

本书将探讨与动物权利有关的一些关键问题。最重要的问题涉及到与人类相对应的动物的道德地位。动物拥有道德地位或道德权利吗？这些概念的确切含义是什么？如果动物拥有道德地位或权利，那么，在某种与道德相关的意义上，我们是否应该把它们看成是和人类一样平等的？在此有必要把平等对待（equal treatment）与平等考虑（equal consideration）区别开来，并简述在这些问题上的各种不同观点。同样，我们还必须确认讨论的范围。在谈论“动物”时我们心中所指的究竟是哪些动物——是字面意义上的包括变形虫在内的所有动物呢，还是仅指有感知能力的动物（即具有情感的动物），或某些其他范畴的动物？我们将在第二章讨论这些问题。

对动物道德地位的探究通常有一个常识性的假设，即许多动物有感知能力。但是，对任何有关动物伦理问题的详实的、细致的考察，都要求我们知道更多关于动物（特别是它们的精神）究竟是什么的知识。例如，如果有人认为虾缺乏感知能力，没有任何（意识）感觉，那么，这种信念将会减弱人们对此类生物的道德关怀。因此，第三章的基本问题是：基于可获得的经验证据，大致上哪类动物有**情感**——诸如疼痛的感觉和害怕的情绪——以及它们拥有的是何种情感。

在清晰理解动物的精神生活之后，我将在第四章讨论动物拥有哪类**利益**的问题。换句话说，我们将说明动物可能会受到**伤害**的主要方式。显然，不愉快的情感，如痛苦和沮丧，就是伤害的一种方式。动物还会因**拘禁**而受到伤害；拘禁是对动物行为自由的限制，这种限制严重损害了动物过好生活的能力。但是，免受拘禁之利益是否仅仅是避免痛苦感觉之利益的一个例证？如果一只被拘禁的动物已经习惯于被拘禁的状态，并未感受到痛苦，那么，我们剥夺它行使其物种特有功能的机会，是否是对该动物的伤害？使动物提前**死亡**（有别于痛苦的死亡过程）是对动物的伤害吗？毫无痛苦地杀死一条在熟睡中的正常而健康的狗的行为伤害到了这条狗吗？一旦我们开始探索动物利益的性质和动物可能会受伤害的一般方式，我们就会遇到真正有争议的问题。第四章将讨论关于这些问题的不同观点，并对某些问题作出回答。

通过提供理解动物的道德地位、精神生活和利益的框架，第二到第四章为后面几章更具实践性的探讨提供了一个基础。第五章分析了吃荤的伦理问题，主要关注的是工厂化农场的肉产品的消费问题，同时也考察食用家庭农场生产的肉产品问题以及海产品的问题。在第六章，我们考察的是收养宠物和动物园的动物的伦理问题。除了考虑人们通常施加于这些动物的伤害之外，该章还将探讨是否有合理的理由——基于对动物的**尊重**——反对在家中或动物园里限制动物自由的问题。最后，第七章将探讨异常复杂的动物研究问题。该章将直面这样一些问题：生物医学的进步能否证明伤害研究对象（它们对该研究既不知情也不同意）的合理性；如果能够证明，那么对动物受试者的伤害是否存在一个限度，超过这个限度继续研究就是不道德的；拟进行的实验要取得怎样的成功才能获得伦理的辩护；研究团体应如何积极地寻找动物实验的替代品。

如果本书的探讨是成功的，那么它将可以帮助读者思考当代动物权利讨论中的一些最核心的问题。

第二章

动物的道德地位

从1934到1998年每年的劳动节，美国宾夕法尼亚州的小镇希金斯都会举行一个射杀活动物的节日，直到后来该活动被禁止。参与者曾经从世界各地蜂拥而至。在一年一度的活动中，有5,000只鸽子被从笼子中一只一只地放出来，仅仅是为了成为活动参与者的靶子。据动物基金会的调查者估计，被射中的大多数鸽子（超过3/4）都只是受伤而不会立即死亡。当竞赛者结束了他或她的一轮射击之后，一些鸽子掉落在射击场上，另一些逃至附近森林的则因受伤而慢慢死去。在每一轮射击完成之后，年幼的孩子们就会收集受伤的鸽子并用各种方式弄死它们：使劲用脚踩、扯下它们的头、把它们往桶上砸，或者将它们掷入装有其他奄奄一息或已死的鸽子的桶内，使它们窒息而死。射击者和孩子们并不是秘密地进行这类活动。数千观众购票入场，坐在露天看台上观看，一边吃东西、喝啤酒，一边对射击者和孩子们大声叫好。

人们可能偶尔会听到这样的观点：人类使用动物的行为不会产生任何伦理问题。如果这种观点是对的，那么，刚刚描述的那类行为——为娱乐而射击活鸽子、踩死它们、扯下它们的脑袋，等等——在道德上就是没有问题的。同样，鼓励孩子们参与对动物的虐待，鼓励成人和孩子通过购票入场加入这种虐待者的行列，也是不存在道德问题的。

很难想象还有比这更荒谬的道德立场。很难想象任何一个在道德上严谨的人——即任何一个认为行事应明辨是非的人——不会谴责如刚才所描述的给鸽子造成巨大的、不必要伤害的至少其中一些行为。虽然完全否认动物具有道德上的重要性的态度在过去的世纪中可能很普遍（见第一章），但是这种态度正变得越来越罕见，这是道德进步的一种表现。然而，正如射杀鸽子所表明的那样，许多人还是乐于对动物施暴。

很明显，在一年一度的猎杀活动中，人们对待鸽子的至少某些方式是错误的。如果有人认为，为娱乐而**射击**鸽子的行为并不是明显错误的，因为如果鸽子幸运地被击中就会立刻死亡（这种观点无视了这样一个事实：许多被射中的鸽子并不是那么幸运），那么，对于那些希望证明把受伤的鸽子掷入桶内，使它们与其他鸽子一起闷死的做法也是合理的人来说，这种辩护不会有任何帮助。如此对待鸽子和其他有感知能力的动物是错误的。但**为什么**这是错误的？这个问题的答案对动物是否拥有**道德地位**和**权利**的问题有何启示？本章余下部分将讨论关于这些问题的各种可能的答案。

道德地位

越来越多的人宣称动物具有道德地位、道德权利，或兼而有之。在判断他们的这种主张是否正确之前，我们需要知道这些术语的含义。我们先从道德地位开始。

例如，说一条狗有**道德地位**，就是说这条狗因其自身的缘故、而非与人有关联的缘故而具有道德上的重要性。更准确地说，这意味着，这条狗的利益或福利很重要，必须给予认真考虑——这种考虑不依赖于狗的福利对人的利益的影响。简单地说，我们必须**因狗自身的利益**而对它好。让我们来看一些事例。

有理性的人知道，为取乐而残暴地踢狗是错误的。为什么是错误的？假设本和格雷格有不同的理由来认可这种判断。本认为踢狗是错误的，因为这侵害了某个宠物所有者的财产——这即意味着**宠物所有者的利益**是相关的因素。当然，许多狗不属于任何人的财产。本可能回击说，踢狗取乐无论如何都是错误的，这是残酷的行为，而残酷是一种我们不应养成的恶习，**因为从长远来看，这种恶习很容易使人去虐待人类**。简言之，虐待动物的人更容易成为虐待人类的那种人。在这里，人类的利益是本反对残酷对待动物的最终依据。依此观点，动物的利益不具有**独立的**道德上的重要性，这意味着动物没有道德地位。

格雷格则持不同的看法，他判定动物确实拥有道德地位。他认为为取乐而踢狗是错误的，因为没有充分的理由去如此伤害它们。（在另一种情境中，若伤害狗是为了避免一个小孩被狗伤害，这或许就是伤害狗的一个充分理由。）从格雷格的立场看，狗的福利因其自身的缘故而受到重视；它具有道德上的重要性，这种重要性与狗的福利的改善如何有助于人类的利益无关。因此，即使你能使格雷格相信，虐待狗并没有对人类产生任何消极影响，他还是会认为这种行为是错误的。在他看来，狗拥有道德地位。（至于狗拥有的道德地位与包括人在内的其他在道德上重要的生物所拥有的道德地位是否**相同**，则是另一个问题。）

那么，如何理解**道德权利**的含义？说动物拥有这类权利意味着什么？这一概念的内涵相当复杂，因为“道德权利”一词有着多种不同的用法。但是，我们可以根据特定的语境来弄清这个术语的含义，这样，人们在谈论动物（或人）是否拥有道德权利时，就不会因这个词的不同用法而相互误解。

区分三种意义上的“权利”将对我们有所帮助。（在我们的整个讨论中，除非另有说明，我们所说的**道德**权利是与**法律**权利相对的。）在较宽泛的意义上，说一个存在物拥有权利就是指该存在物拥有道德地位。我们把这称为**道德地位意义上的**“权利”。在这种意义上，人们认为狗拥有道德地位——但狗拥有的道德地位比人的低——然而我们仍然认可狗的权利；任何程度的道德地位均可成为拥有权利的充分理由。例如，人们可能断言，狗拥有不遭受痛苦和不被杀死的权利；这意味着，狗的这些权利就其本身来说在道德上就是重要的，**没有充分的理由**就不能践踏之——当宽泛地解释“充分的理由”时，可以把公司为获得利润而在动物身上测试新化妆品毒性成分纳入“充分的理由”之列。因此，在拥有道德地位的意义上说动物拥有权利一点也不激进。

第二种更严格意义上的“权利”可称为**平等考虑意义上的**权利：说某人拥有权利就是说她应获得同等考虑。这意味着她的利益与任何其他人的类似利益具有同等的分量。因此，说狗应当获得与人同等的考虑，就是宣称，狗避免遭受痛苦的利益和人避免遭受痛苦的利益在道德上是同等重要的；动物的痛苦与人的痛苦具有同等的分量。如果格雷格认为狗有道德地位但不应获得平等考虑，那么他所相信的就是，狗拥有道德地位意义上的权利，但不拥有更为激进的平等考虑意义上的权利。（本章后面将进一步对平等考虑加以说明。）

第三种同样严格意义上的“权利”可称为**超越功利意义上的**权利：说某人有权利去做某事意味着，至少一般来说，其根本利益必须受到保护，即使保护它可能会对社会总体不利。（汤姆·雷根和伊夫琳·普卢哈尔［Evelyn Pluhar］就是在这种意义上捍卫动物权利的；我们可把类似的观点称为**强式动物权利论**。）例如，人们在道德和法律上拥有得到公平审判的权利，这样一个理念意味着，陷害一个无辜的人是不对的，即使当局没有抓住确定的嫌疑犯，即使满足社区成员愿望的判决能够带来巨大的社会功利。虽然这种强式意义上的权利的拥护者可能会承认，在**某些**案例中，人们可能为了共同利益而无视某些人的个人利益，但是，她会坚持认为此类案例是例外，而且，对公共利益的诉求不足以成为践踏个人权利的理由。

与之相比，我们来考虑一个**功利主义者**苏的立场；她认为正确的行动是那些能够产生最大功利——即利益减去伤害后的余额最大——的行为，同时要把受影响的所有个体（包括动物）的利益都考虑进来。苏相信，动物和人应获得同等考虑，不同个体的类似利益具有同等的分量，但是，如果牺牲某些个体的利益能够使功利最大化，那么我们就可以这样做。所以，她认为，动物和人是在平等考虑的意义上而不是在超越功利的意义上享有权利。超越功利意义上的权利将为个体的根本利益提供绝对或接近绝对的保护。然而，甚至人类是否拥有这种意义上的权利都还是一个有争议的问题；彼得·辛格和雷·弗雷（Ray Frey）这样的功利主义者就否认人类拥有这样的权利。

我们已经理清了三种意义上的“权利”。那么实际上动物是否拥有其中任何一种意义上的权利呢？先看看第一种宽泛的道德地位意义上的权利。很明显，在每年一度射杀鸽子的活动中，我们对待鸽子的至少某些方式是错误的，踢狗取乐也是错误的。然而，这些判断以及那些更为一般的判断（即无端伤害动物是错误的）都不包含这样的意涵：动物具有道德地位。为什么不包含呢？

根据**间接义务论**，我们的道德责任或义务仅仅直接指向人类其他成员；与动物有关的义务（如不要给它们造成不必要的伤害）完全是基于人类的利益，例如，不养成残暴品格对人类是有益的。照此看法，如果没有充分理由来说明对动物施暴是对人类不利的，那么，就没有道德理由来谴责对动物的暴行。这就是本和哲学家伊曼努尔·康德的立场（见第一章）。

我认为间接义务论是错误的，因为它无法解释我们对动物负有的义务。第一，我认为，谴责虐待动物的关键在于，施虐者**毫无必要地伤害了动物**；仅此一点就足以说明此类行动是错误的。第二，虽然我们确信，虐待动物是错误的——甚至本和康德对此也深信不疑——但我们不能十分地确信，虐待动物会给人类带来恶果。认为虐待动物会给人类带来恶果的假设依赖于经验的证明，但这并不意味着，那些认为虐待动物是错误的人能够列举出像这一道德判断本身那样令人信服和确定的证据。而且，现实中可能存在着相反的证据。例如，允许牧羊人踢他身边的羊或许能使他发泄出一些怒气，从而使他殴打老婆孩子的可能性**更小**。更重要的是，即使是在假定的情形中（比如，地球上只剩最后一个人），当虐待动物的行为**不可能**给人类带来有害的后果时，虐待动物应该也是错误的。

这些思考表明，与间接义务论相反，动物拥有道德地位，因而至少拥有一种意义上的权利。但是，这一结论并未解决这一问题：与人类相比，动物应该获得多少道德关怀，以及它们是否拥有更严格意义上的权利。

图2　正用嘴接住一条鱼的北极熊

动物享有的一种平等?

动物的某些保护者宣称“所有的动物都是平等的”。他们的反对者通常反击说，这明显是荒谬的。但是，这一观点是否荒谬，部分地取决于个人所理解的平等是哪种道德上的平等以及哪些动物的平等。

如果一个人所指的确实是**所有的**动物，包括蜈蚣、蛞蝓和变形虫，那么，关于动物在道德上是平等的观点肯定是不可信的。因为，说此类动物有**感知能力**是极其可疑的。感知能力不仅仅是对刺激的反应能力；它至少应包括某些**情感**。情感包括痛苦——这里的“痛苦”是指一些**知觉**而不仅仅是神经系统对有害刺激的察觉——之类（有意识）的感觉和害怕之类的情绪。我们不知道在种系发生阶梯或进化树的哪一确切的点上感知能力消失了，被更原始的、无意识的神经中枢系统取而代之。但是，我们将在第三章看到，有确切证据表明，至少脊椎动物有感知能力；而几乎没有证据证明最原始的无脊椎动物有感知能力。强调感知能力的原因是：无感知能力的动物——由于缺乏任何感觉、思考或具有其他任何精神状态的能力——甚至无法在意它们被如何对待。因此，它们能否在任何道德意义上受到伤害或得到好处很值得怀疑。

因此，说**所有的**动物都享有某一形式的道德平等是与常识相悖的。那么，我们能不能说，所有有感知能力的动物都是平等的？现在我们必须问，它们在什么意义上是平等的？很明显，平等**对待**所有有感知能力的动物是不合情理的，因为动物有不同的特性，而这些特性是构成不同利益的基础。猫关心的是得到人道对待和行动自由，而普通人则关心学会如何阅读以及发展自己的生活规划等问题；把猫当作潜在的读者或生活的规划者来对待，并不会促进猫的利益。更重要的是，尊重自主性的原则适用于人类（在他们足够成熟时），但不适用于动物（即便有，也是极端罕见的例外）。这一原则可以解释为什么主人把自己的猫带去看兽医（即使猫强烈地反抗）的行为不会遭到质疑，而强迫一个有自主能力的成年人去看医生的行为在道德上则是成问题的。这些理由削弱了那种主张必须给予有感知能力的动物以同等待遇的观点。

另一方面，有感知能力的动物应得到同等**考虑**的主张则是合乎情理的。这种主张意味着，如果一个人和一只动物拥有类似的利益，那么，我们就必须把这只动物的利益和这个人的利益看作在道德上是同等重要的。要应用这一理论，我们首先需要确定，在人类与动物之间是否有一些类似的利益：人类与动物确实拥有某些大致相同的重要利益吗？让我们来看看避免遭受痛苦的利益。痛苦的一个重要特征就是，从遭受痛苦之主体的角度看，它是非常不愉快的、令人厌恶的或“消极的”。当一个人遭受痛苦时，他所体验到的福利或生活的质量就会降低。因此，所有能够感受到痛苦的动物都有类似的避免遭受痛苦的利益，这看起来就很合理。如果有感知能力的动物应获得平等的考虑，那么，**母牛免受痛苦的利益与人类免受痛苦的利益在道德上是同等重要的**——虽然不同的平等考虑理论对此解释略有不同，例如功利主义和强式动物权利论。如果平等考虑不延伸至有感知能力的动物，那么，母牛所遭受的痛苦就没有人遭受的痛苦重要。（除非有特别的说明，本书后面的"动物"一词专指有感知能力的动物。）

如果人们逐渐接受给予动物平等考虑的观点，并采取相应的行动，那么，人与动物间的互动关系就会大为不

意义逐步增强的三种"动物权利"

道德地位意义上

动物至少有一些道德地位。动物不是仅为供人类使用而存在的，因此，它们必须因**它们自身的**缘故而被善待。

平等考虑意义上

我们必须对动物与人类的相似利益给予道德上平等的考虑。例如，动物遭受的痛苦与人类遭受的痛苦一样重要。

超越功利意义上

和人一样，动物拥有某些我们不得损害的根本利益（即使存在个别可以损害的情形，那也是例外），哪怕是为了使社会的功利最大化。例如，动物有自由的权利，这意味着，我们不能以有害的方式拘禁它们，即使这样做可能带来较多的好处和较低的成本。

同。在畜牧业、动物研究、斗牛和牛仔竞技表演中，在大多数马戏团的动物表演和动物园展览中，在几乎所有的狩猎行为中，以及在使用动物的其他行为和机构中，我们并没有像平等考虑原则所要求的那样平等地考虑动物的利益。因此，接受这一原则将是比较激进的。不论激进与否，从伦理学的立场来看，问题在于给予动物平等考虑是否正确。在我看来，平等考虑是正确的。

平等考虑的问题

和人类一样，动物拥有利益，能够受益或受害。事实上，如已经证明的那样，动物拥有道德地位。所以，平等考虑原则不仅仅能够有意义地适用于人类，而且**能够**有意义地适用于动物。那么，我们**应当**把该原则应用于动物吗？是的，从逻辑上讲，给予每个人的相似利益以平等道德考虑这个原则应该适用于所有拥有利益的存在物，**除非所讨论的存在物之间存在着可证明不平等考虑之合理性的相关差异**。这样，在思考平等考虑是否应该延伸到动物时，我们可以首先假定平等考虑是合理的，然后再进一步探讨，是否存在任何论证（通过列举人与动物之间的相关差异）可以推翻那个假定。

如果赞成平等考虑之假定的适当性是不明显的，那么可以考虑另一选择：首先假定动物应获得低于平等的考虑。根据这种方案，尽管我们承认动物有道德地位，我们可能**首先**假定，把动物在行动自由、不受伤害等方面的利益看得没有我们的类似利益重要的做法是正确的，**而无需为轻视它们利益的这种方式提供任何证明**。我认为，这种做法是不公平和错误的。

两种平等考虑理论

功利主义

正确的行动或政策是那些能够使利益最大限度地超过损害的行动或政策，这种行动或政策给予受影响各方——包括人和动物——的利益以一视同仁的考虑。

强式动物权利论

和人一样，动物拥有超越功利意义上的权利（见31页的方框表，“意义逐步增强的三种‘动物权利’”）。

当我们考虑人类对动物之态度的历史，以及持续存在的偏爱人类、反对动物的偏见时，这种方法是特别值得怀疑的。如第一章所示，历史显示出了一种利用动物和贬低动物道德地位的明显倾向。人们倾向于认为（不管是正确地或错误地），他们的利益与动物的利益常常是冲突的——例如，在吃荤、动物研究和害虫防治的情形中——因此，认真对待动物的利益对人类来说是不利的。所以，我们绝不能忽视自利和偏爱人类的偏见。更重要的是，动物在很多方面与我们不同，而且，动物（除了某些例外）不是我们社会群体的成员。我们从经验中得知，人们通常歧视地对待那些他们认为与自己不同、而且不是“我们中的一员”的个体，特别是当那些外人容易被支配时。因此，反对动物的偏见是可能的。这类偏见的历史，以及这类偏见持续存在的可能性，使得不平等考虑的假设很容易导致道德上的错误。

这种逻辑上的和实用主义的综合分析，都赞成给予动物平等考虑的假定。这意味着，**不平等主义者**，即赞成给动物以不平等考虑的人需要承担举证的责任：举出人类与动物之间的相关区别以证明给予动物不平等考虑的合理性。我怀疑不平等主义者能否承担这种责任。在本章余下的部分，我们将探讨平等考虑面临的五个主要挑战以及对这些挑战的回应。

诉诸物种

不平等主义者可能会为人与动物的不平等考虑作如下辩护：人与动物是不同的，仅仅因为人就是人，也就是说，人是智人（*Homo sapiens*）物种的成员。根据定义，物种的这种差异决定了所有的人而且只有人才拥有的特征，而且，这种差异在道德上是重要的。构成人类独一无二之道德地位基础的并不是与智人物种之一般成员相关的那些特质（诸如理性或道德能力），而仅仅因为他是人。我们知道这一点，因为它是不证自明的。

反驳不证自明的主张是很困难的，因为这种主张倾向于中断进一步的论证："那就是这样，是一个基本的道德事实，所以我不能给你更多的证明。"不过，仍然有一些方法能够挑战诉诸物种的观点。

第一，认为物种在道德上的重要性是不证自明的主张，是值得怀疑的，因为许多人，特别是那些对动物的道德地位已经认真思考了很久的人，并不认为这一主张是不证自明的。不平等主义者可能会以道德上的无知来回击："如果你看不到显而易见的真理，那我也无能为力。"但这听起来是独断的。一般而言，如果有理性的人不同意某些主张是不证自明的，那么，就需要对该主张作出明确的证明。但是，对目前的这种观点**没有**更进一步的证明。

更糟糕的是，当我们思考一些生物学事实时，认为物种在生物学方面的差异有着道德上的重要性的观点也是很难得到证明的。我们与黑猩猩的两个物种——普通的黑猩猩和矮小的黑猩猩（倭黑猩猩）——有着密切的联系；人和这两者任一之间在DNA方面的差异（大约1.6%）只略高于这两种黑猩猩之间差异（0.7%）的两倍。此外，还有与智人不同的原始人，例如直立人（*Homo erectus*）、能人（*Homo habilis*）和粗壮南方古猿（*Australopithecus robustus*）；与黑猩猩、类人猿、大猩猩和猩猩相比，这些原始人与我们的关系更为接近。当各种各样的其他物种与我们是如此相似时，认为只有智人物种的成员才拥有特殊的道德地位，这是难以让人信服的。事实上，在我们与我们由之进化而来的原始人种之间并没有一条明确的生物学上的界线；更没有什么不可思议的突变把"我们"从"它们”之中分离出来。那么，为什么仅仅是我们这一物种拥有特殊的道德地位呢？

现在，不平等主义者可能会改变其论点，声称相关意义上的“人类”就包括**原始人**，而原始人就拥有特殊的道德地位。但是，只要想想，最原始的原始人与最接近原始人的灵长目动物之间在生物学上的差异是多么的细小，那么，不平等主义者这种转移论点的做法就会不攻自破。此外，今天获得语言训练的类人猿很可能比最原始的原始人在智力上更发达，因此，认为**所有且只有**人科拥有特殊道德地位的观点就更让人怀疑了。而且，即使我们坚持认为，生物学上的差异在道德上是重要的，那么，为什么假定人类/非人类的区分是关键性的？为什么没有考虑把所有的原始人和类人猿归在一个圈子里？这个圈子为什么不是所有的灵长目动物或哺乳动物？为什么我们是这个圈子的成员，而其他脊椎动物不是？由于物种不是生物学意义上的种群分类的唯一根据，因此，很清楚，我们必须抛弃不证自明的主张，转向赞成或反对平等考虑的论据。

这些讨论要求我们超越诉诸物种的观点，这一点还可以通过设想某种未来可能出现的场景来得到证明，比如我们可能遭遇外星人，而它们比我们更聪明、更敏感和更有教养。如果有人宣称，这些外星人不是人类这一事实本身就可以证明忽视它们的利益是合理的，那么，这种观点就将被指责为某种类似于种族歧视主义和性别歧视主义的偏见。事实上，诉诸物种的最大困境之一就是，与独断的种族主义和性别主义区分道德世界的不同方式类似，它并没有为把“我们”从“它们”中分离出来提供更多的证明。因此，我们可以得出如下结论：诉诸物种并没有提供任何可靠的论据来证明给动物以不平等考虑是合理的。

契约论

为不平等考虑辩护的另一种可能的方式，是诉诸于我们所知的传统伦理学理论——**契约论**。根据契约论，人们的道德权利和义务是从假想的订约者所达成的协议中产生的；这些订约者们讨价还价，试图找到对双方都有利的原则和规则，并用这些原则和规则来治理他们的社会和建构基本的制度。在契约论看来，由于动物不是能够参与契约设计的理性主体，因而动物没有道德地位——这导致它们得不到平等考虑。

证明不平等考虑的这种尝试有两个主要的问题。第一，它没有充分地解释我们对动物的义务。事实上，契约论关于动物没有道德地位的意涵表明，契约方法从一开始就是不可信的；因为在前文我们已经看到，虐待动物的错误只有通过接受动物拥有道德地位的观点才能得到恰当的解释。

彼得·卡拉瑟斯（Peter Carruthers）注意到，认为动物拥有道德地位的论点在直觉上具有较强的吸引力，他试图用间接义务论来说明我们有不虐待动物的责任。他指出，虐待动物会使行为者成为一个邪恶的人，从长远看，他很有可能会虐待人类。在前文我们已经看到，这种形式的论证是不甚合理的，其原因至少在于，这种论点试图把一个如此确定的道德判断——虐待动物是错误的——建立在猜测性的经验假设之上，即虐待动物会产生对人类不利的副产品。但是，我们还可以提出进一步的批评，因为间接义务论不能够解释，**为什么**虐待动物是一种恶行，而同情动物是一种美德。根据间接义务论，动物缺乏道德地位，因而人们不可能直接对它们做错任何事情。既然如此，那为什么与撕一张报纸取乐的行为相比，把母牛粉身碎骨的行为更能体现有缺陷的道德品质呢？要说明为什么虐待行为是一种恶德，唯一合理的方法就是承认虐待行为之受害者的道德地位。

契约论还要面对另一个重要问题：认为只有理性行为者才拥有道德地位的理论对不具有理性能力的人来说包含着某些不安的意涵。如果这种理论是正确的，那么，那些不具有理解社会契约条款所必需的理性的人，也就不拥有道德地位。很明显，婴儿不具备这种理性，但他们被认为是拥有道德地位的。如果契约论者回答道，婴儿有发展成有理性的行为者的**潜力**，那么，胎儿也具有这种潜力。这样一来，诉诸人的潜力也就意味着，甚至早期胚胎也拥有道德地位并应获得平等考虑。一些契约论者将会认可这种含义，但很多人却不会。

让我们不再追问婴儿和胚胎的道德地位问题，而考虑那些甚至缺乏可成为道德主体潜力的人——例如，严重智障者。以眼前的观点来看，他们显然缺乏道德地位，可以相应地当作缺乏道德地位的对象来对待。然而，卡拉瑟斯试图以两种方式来消除这种令人难以接受的含义。

他首先提出了**滑坡论**：如果我们不把这些严重智障者

当成**如有权利一样**的人来对待（这里他所指的权利把道德地位和平等考虑综合在了一起），那么，我们将会为虐待那些刚刚满足理性标准且应享有权利的人的行为提供方便之门。由于我们不能精确地界定那些构成理性行为的能力，因此，在实践中，我们必然无法准确地划出一条恰当的界线来判定，谁满足了以及谁没有满足理性的标准。为了避免从这种精细划分的区别对待的斜坡中下滑到虐待权利所有者，我们应该避免轻易断言哪些人是有理性的。

这种论证有几个困难。第一，我们无法界定理性的假定只是一种推测（虽然不是毫无道理）。这个假定肯定比它想要支持的那种道德判断——即把那些没有理性的人当作没有道德地位者来对待（例如，强迫他们做有害的实验，为获得他们可移植的器官而杀死他们）是错误的——更不确定。第二，考虑这样一种情况，假设我们能够准确地界定理性。即使这样，我们把无理性的人当作缺乏道德地位者来对待不仍然是错误的吗？这些人的确具有道德地位，这就是为什么把他们当作好像没有道德地位的人来对待是错误的。

卡拉瑟斯还提出了一个**诉诸社会稳定**的论证。他认为，这是一个心理学上的事实，即如果我们否定无理性之人的权利，许多人会非常抑郁，并且不可能照这种政策去做，不管其正当性如何。因此，为了避免这种政策可能导致的社会不稳定，我们必须**赋予**无理性的人以权利。然而，这种论证也会遇到与前面的论证所面临的类似问题。第一，它的假设（把无理性的人当作缺乏道德地位的人来对待将导致社会不稳定）只是一种推测，而且，这种假设比这种人不应该被以这种方式对待这一道德信念的确定性更为薄弱。第二，这种假定无法解释人们的这种道德直觉：在一种假设的情境中，即使人们不会因为把无理性的人当作缺乏权利的人来对待而感到不安，以这种方式对待他们仍然是错误的。

总之，这种契约论方法错误地否定动物拥有道德地位，也不能够充分说明无理性之人的道德地位问题。因此它无法推翻赞成对动物平等考虑的假设。

诉诸道德能力

不再诉诸契约论（它进而依赖于理性主体的概念），

不平等主义者可能直接诉诸**理性能力**或**道德能力**（rational agency或moral agency，这两个术语我是互换使用的）。在这种理论看来，要拥有完全的道德地位并获得平等考虑，一个人就必须是道德主体。但是，如何证明这种主张的合理性？一些不平等主义者宣称可以从**直觉上**得到证明。另一些则诉诸某种**互惠原则**：只有当人们履行了道德义务时，才能拥有道德权利或获得平等考虑，而只有道德主体才能履行义务。如果权利的某些拥有者没有履行道德义务，那他们就是获取了道德保护的好处而没有承担道德责任（义务）；在互惠理论看来，这对那些承担道德责任重负的道德主体来说是不公平的。不管不平等主义者是怎样证明道德能力是获得权利的基础这种主张的，他们仍然断言，人类是道德主体，而动物或至少它们中的大多数不是。

然而，这个断言会直接引出这样的问题：一些人甚至缺乏成为道德主体的潜力；而且，在处理异常人的道德地位方面，诉诸道德能力的方法也并不比契约论更好。此外，和契约论一样，它也面临着要说明动物道德地位的问题。而且，认为道德能力是拥有特殊道德地位的基础的断言也是很成问题的。从两种支持这种主张的方式来看，互惠原则被常识判断所质疑，例如，婴儿拥有不被虐待等权利，尽管他不是道德主体，并且一些婴儿永远无法成为道德主体。同时，道德能力和权利之间具有联系是直观可信的这种断言并不是结论性的。虽然许多人认为这种断言在直觉上是合理的，但许多其他的人，包括我自己，则不这样看。对后一组人来说，虽然道德能力与一个人应该如何被对待相关——因为一个道德主体必须被看成是负有一定责任的——但是从道德的角度看，这与一个人的利益究竟有多重要的问题没有相关性。

如果与可疑的互惠原则分离开来，诉诸道德能力的方法很可能最有力，因为互惠原则断言，缺乏道德能力的存在物不拥有任何道德地位。另一方面，不是建立在互惠原则基础上的诉诸道德能力的方法可能会断言，只有道德主体才拥有**特殊的**（而非**排他的**）道德地位，并且承认有感知能力的非道德主体也拥有一定程度的道德地位。这种观点所存在的问题比其他宣称动物没有道德地位的观点要少。尽管如此，如果这种观点只能用直觉来支持，那么人们在直觉上的差异则会使这种观点显得可疑。而且，这种观点也有着这样一层有问题的含义，即一些人的道德地位比另一些人要低。所以，我们可以合理地得出结论说：诉诸道德能力并不能推翻平等考虑的假定。

诉诸社会纽带

玛莉·米奇利（Mary Midgley）发展了一种完全不同的方法，即把道德地位理解为基于**关系**而非个体的特征，并且强调**社会纽带**的道德重要性。这种方法的出发点是：在与其他人交往时，我们认识到，我们与某个人的社会联系的程度影响着我们对那人的责任的强度。因此，我们对我们的家庭成员和亲密朋友有很大的责任，而对我们各种各样团体的其他成员（例如，邻里、学校和宗教团体）则只有较少的责任；对那些与我们（除了都是人类社会的成员这一点）没有关联的完全陌生的人，我们只有最弱的责任。不过，我们感觉到，与人类其他成员的情感和社会纽带仍然是重要的，这使我们对他人比对动物具有更强的责任，因为我们没有和动物形成任何特殊的团体。（这里存在着例外，比如当动物是人类的伙伴时，我们对动物的责任也是很大的。）因此，这种主张断定，我们一般可以给予动物非平等的考虑。

这种主张在某些方面是正确的，我们确实对那些与我们有特别密切关系的人有更多的义务。例如，我有义务供养我的孩子，但没有同等的义务供养其他的孩子。但是，这种看法对平等考虑的意涵是有争议的。毕竟，我对其他孩子的**消极**义务也具有同等的道德力量：我不能绑架、虐待或杀害他们，不管他们与我的社会关系多么疏远。而且，虽然我有特别的**积极**义务供养我自己的孩子，但我承认，所有其他的孩子都拥有和我的孩子同样的基本权利。事实上，我会把某些积极权利（例如获得足够营养、衣物和庇护的权利等）纳入到基本权利中来，而且，我也不会认为只有我自己所在国家或社会的孩子才拥有这些权利。以这种方式，我就把平等考虑扩展到了其他所有的孩子——以及所有的人身上了。

此外，正如对所有人都平等考虑与对不同个体负有不同的特殊责任是相容的，对所有有感知能力的动物的平等考虑与对它们负有不同的特殊责任也是相容的。因此，这个通常的信念——即我们帮助处于危难的人的责任强于帮助处于危难的动物的责任——与平等考虑并不一定就是冲突的。毕竟，在一个求助的呼声不绝于耳的世界中，我们只能有选择地帮助某些求助者；在这个意义上，积极义务很大程度上是由我们自己**酌情处理的**。我选择帮助受饥荒威胁的埃塞俄比亚人而不是萨尔瓦多的难民，但这绝不意味着我认为萨尔瓦多的难民应获得更少的考虑。类似地，我给予人类事业的帮助比给予动物的更多，但这并不意味着动物应得到更少的考虑。

此外，用诉诸社会纽带来为不平等考虑辩护的做法是危险的。因为，这种导致不平等主义者断定动物不应获得平等考虑的推论，在某些情况下或许会为像种族歧视主义这类令人生厌的歧视提供合理性证明。让我们设想这样一个社会，在其中，X种族的成员感觉到彼此之间有很强的社会联系，但与Y种族的成员十分疏远。把社会纽带看成拥有道德地位的基础就意味着，X族群的成员可以正当地忽视Y族群成员的利益，而这在道德上是应受谴责的。

总之，诉诸社会纽带的方法在伦理学上包含有令人不快的含义，把它当作道德地位的基础是成问题的，但是，就它能支持伦理学上正确的结论而言，它与平等考虑可能又是相容的。通过两点改进，这种方法作为对平等考虑的挑战或许能够变得令人信服。第一，如果我们把社会纽带解释为**仅仅是决定道德地位的一个因素**，而不是唯一的决定因素，那么，我们就能够避免支持对某些人的不公平的歧视。第二，我们对其他人的积极义务强于我们对动物的积极义务的观点可以得到进一步的发展。如果所有人都拥有某些积极权利，包括得到饮食和庇护的权利，那么，即使**个体**在选择帮助的对象上有自由选择权，一些更大的**集体**（可能是富裕国家的政府或联合国）也有义务尽力满足所有人的基本需要。这种主张进而指出，这些义务是基于人类共同体的观念。动物对食物或住所（哪怕动物生存之地的气候状况危及其生命）没有类似的积极权利；人类，不论个体还是集体，都没有义务为动物提供这些利益。对平等考虑的下一个挑战依据的就是这一论点。

诉诸关于帮助与杀害之道德差异的常识

对于平等考虑最有力的挑战来自于两个被广泛接受的、关于我们对人类的责任与我们对动物的责任之间的差异。第一个所谓的差异是，所有人都拥有某些积极权利，并伴随着相应的援助义务，而动物缺乏此类积极权利。第二个所谓的差异是，一般来说，杀害一个人比杀死一只动物在道德上更糟糕。毫无必要地杀死一只鸟是错误的，无缘无故地杀死一只狗甚至是更糟糕的；但是没有特别的正当理由（如自卫）就杀死一个人则是最糟糕的，这实际上是一个人所能做的最坏的事情了。甚至那些拥护动物权利的人也普遍同意，杀人与杀死动物的错误程度是不同的。依据这个推理线路，就援助的义务和杀戮的错误性而言，在人与动物之间是有差别的；这种差异与对动物的平等考虑是不相容的。

关于回应这一挑战的可能策略，我这里只能提出几个论证思路而无法深入展开。关于援助义务的差异，人们也许可作出如下回应。该论点的假设是：（1）人类有积极权利，这种权利使我们有义务帮助那些急需帮助的人；（2）我们（如果有的话）只有非常有限的义务来援助需要帮助的动物。从反驳的角度来说，这些差异与平等考虑是相容的。假设动物与人一样拥有积极的权利，我们就可以这样来理解与这一权利原则相应的义务："作出合理的努力去提供援助，**当援助可能是真正有用的时候。**"但我们可以进而反驳说，人类在援助需要帮助的动物时，他们的干预行为既有可能对动物有利，也可能会伤害它们。生态系统是很微妙和复杂的，很容易被不适当的干预所破坏。例如，如果我们通过提供食物把狼从饥饿状态中解救出来，这可能导致狼的数量过多和新一轮的饥饿危机，还会导致狼过多地消耗它们所捕食的动物。因此，我们对野生动物所做的正确的事情通常就是不干扰它们。有可能对动物有所帮助的干预通常是这样一些干预，即干涉那些剥削动物的人类活动，例如限制以打猎为乐的人和捕鲸者的行为。认为人们有时应当以这种方式进行干预的观点是可信的。所以，这种观点试图把平等考虑和这样的判断（即在实践中我们不应该过度地干预需要帮助的动物）结合起来。

关于杀人与杀死动物之间的所谓差别，可以有两个主要的反驳策略（我已在别处仔细分析过）。更普遍的策略是主张，平等考虑并**不**意味着反对杀人与反对杀动物的道德理由是同等强硬的。平等考虑只是意味着，在动物与人拥有类似的利益（如避免遭受痛苦的利益）时，我们必须给予这些利益以同等的道德分量。尽管我们用同样的词汇，即“杀死”，来表明对人的生命和动物的生命的剥夺，但是，这两种存在物的利益并不是真正类似的。在通常情况下，一个人继续生存的利益对他的福利来说绝对是至关重要的。人类通常都拥有生活规划、人生理想和较深的私人关系，所有这些都可能由于过早死亡而被摧毁。相反，假设持续生存是一条狗的利益（第四章支持的一个观点），那么，我们可以合理地断言，持续生存对狗的福利的影响，**没有**持续生存对人的福利的影响那么重要。狗至多只有非常短的生活规划；即使狗之间有各种关系，这些关系的深度和广度通常也无法与人际关系的深度和广度相比。因此，这种主张进而指出，一般来说，死亡对狗的伤害要比对人的伤害小。如果我们拿人与处于进化树中较低位置的动物（例如鱼）相比，那么，死亡对人伤害更大的信念就变得几乎不容置疑了。

虽然这些比较性的观点在直觉上似乎是可信的，但是，我们很难为它们提供一个详细而有说服力的支持理论。然而，没有这样一种理论，人们可能就会想，这种观点在直觉上的吸引力是不是仅仅来自于偏爱人类的偏见。史蒂夫·萨庞提斯（Steve Sapontzis）进行辩护的一个替代方法就是，否定这种观点——即杀害有感知能力的非人类动物的道德错误小于杀害人的道德错误——的合理性。两种策略都试图证明，平等对待动物既不荒谬，也并非不合理。

结论：一个悬而未决的问题

动物是否应获得平等考虑，这是一个悬而未决的问题。我已经为一种赞成平等考虑的道德假定作了辩护。很明显，诉诸物种不能推翻这个假定。几乎可以确定，契约论也不能推翻这个假定。不过，虽然诉诸道德能力和社会纽带的公开讨论至今未能承担不平等主义者的举证责任，但是，这些讨论尚不足以排除人们也许能够更成功地阐述相关论据的可能性。在对平等考虑的各种各样的挑战中，诉诸关于援助与杀害的道德差异之常识的策略，似乎是最成功的。把这种方法与适当发展了的诉诸道德能力和社会纽带中的一个或两个结合起来，也许能给平等考虑提出最难以应付的挑战。但是，我们关于援助与杀戮的直觉很可能是由偏爱人类、反对动物的偏见决定的；这种可能性证明了继续赞成平等考虑之假定的合理性。只有那种明确的、一贯的、而且比目前已提出的观点都更具说服力的挑战，才可能推翻那个假定。

一种可选择的观点：区别对待模型

假设赞成对动物平等考虑的假定被成功推翻了，那么，我们该如何理解动物的道德地位？正如我们所看到的，动物没有道德地位的观点是不可信的；我们已经详细考察了这种观点的论据。但是，有一种介于极端的观点与平等考虑之间的观点在直觉上是可靠的，并且被许多人毫不怀疑地默默接受。

为了弄明白这种观点，人们需要设想两种特定的标尺，然后把它们结合在一起。第一种是种系发生的标尺，或者至少是解释种系发生的某种方式。这是一种关于动物物种演化阶梯的标尺，即越接近进化的顶端，在生物学和认知上就越复杂。因此，根据这个标尺，人（目前！）位于这个标尺的最顶端，类人猿和海豚略低一点（除智人外的原始人位于其间，如果我们把灭绝的物种包括进去的话)。例如大象、长臂猿和猴子等位于这个标尺中略微更低一点的位置，犬科动物和猫科动物的位置又更低一点，兔子和啮齿类动物的位置还要更低。沿着这个标尺更快速地移动，我们就会看到，哺乳动物的位置一般都比鸟类高，鸟类的位置比爬行动物和两栖动物普遍高一点，爬行动物和两栖动物又比鱼类普遍高一点。在很大的程度上，脊椎动物——包括以上所提及的所有类目——的位置会比非脊椎动物高一些。当然，非脊椎动物包含多种多样的生命形式，它们并非都有感知能力，即使我们不能确定划分有感知能力和无感知能力的动物的界线究竟在哪里。很粗略地讲，这就是第一种标尺。

第二种标尺是道德地位的等级结构。处在最顶端的存在物享有最高的道德地位并应获得完全的考虑。处于略低一点位置的存在物应获得认真的考虑，但这种考虑要比最顶端的生物少一点。当一个存在物的位置从这个道德地位或道德考虑的标尺下滑时，它所享有的考虑的量就相应地减少。当一个存在物的位置下降到某一点时，它就只应获得极少的考虑。它们的利益具有道德上的重要性，但并不是很重要，所以，当它们的利益与那些道德地位更高的存在物的利益发生冲突时，它们的利益通常被牺牲掉。我们可以在脑海里在刚刚描述过的存在物之下划一条线。所有低于这条线的存在物都**没有**道德地位。如果存在着好的理由来有节制地对待它们，那只是因为这样做有利于那些拥有道德地位的存在物的利益。所以，这是道德地位的一个标尺，不平等考虑的区别对待标尺。

要掌握这种与平等考虑不同的观点，我们就要把种系发生的标尺与不平等考虑的区别对待标尺结合起来。在由此产生的图景中，只有人类享有完全的平等考虑。在现存的物种中，类人猿和海豚应获得略少的考虑，大象、长臂猿和猴子又更少一点，如此等等，不一而论。处于获得最少量考虑者与没有道德地位者之间的，是那些最原始且感知最简单的生物——更多的是无脊椎动物。从常识的角度，我们可能会认为，无感知能力的存在物没有利益，并把道德地位的界线划在它们之上。这种观点既可以避免那种认为动物缺乏道德地位的理论所产生的问题，同时又很容易接纳这种普遍信念：杀死一个人一般地说比杀死一条狗更糟糕，而杀死一只狗比杀死一只鸟更糟糕，等等。这种观点还与我们对人比对其他动物具有更强的义务的信念

理解动物道德地位的两个框架

平等考虑的框架

动物应获得平等考虑（见31页的方框："意义逐步增强的三种'动物权利'"）。

区别对待模型

人类应获得完全的平等考虑。其他动物应获得的考虑与它们在认知、情感和社会性等方面的复杂性成正比。例如，猴子的痛苦没有人的痛苦重要，但比老鼠的痛苦重要，而老鼠的痛苦则比鸡的痛苦更重要。

完全吻合。因为，在这种观点看来，我们对于所有的人都有更强的义务。

抵制这种观点的主要原因是对平等考虑这一假定的青睐。不管这种区别对待模型在直觉上具有多大的吸引力，只有在其对给予动物较少考虑的做法作出明确的、令人信服的证明之后，我们才能负责任地接受它。没有这样的证明，忽视（例如）狗所遭受的痛苦的重要性的做法（仅仅因为遭受痛苦的主体是一只狗），就是十分武断的。如果忽视或贬低所有动物的利益的做法是正确的，那么，人们就得拿出一些理由来证明为什么这样做是正确的。如果确实存在着这样的理由，那么最好先找到它。然而，我非常怀疑能否找到这样的理由，这就是我接受平等考虑之主张的原因。

结论

本章介绍了道德地位、道德权利和平等考虑的概念，以及赞成和反对把这些概念应用于动物的主要论据。回到本章开始提到的案例，我们现在可以对这一最初的判断——在一年一度的射杀节上残酷对待鸽子的行为是错误的——作出说明。为什么是错误的？因为它在没有任何可信理由的前提下给动物带来了极大的伤害。但是，为什么毫无理由地伤害鸽子或其他有感知能力的动物是错误的？正是在这个问题上，上述主要概念可以发挥重要作用。

首先，鸽子和其他有感知能力的动物都拥有**道德地位**。也就是说，它们的利益——或者说它们的整体福利——具有独立的道德重要性。换言之，我们对动物负有义务，而且，这些义务不是基于人类自身的利益。动物本身能够被错误对待。我们应该**为了动物本身**而善待动物。

这是否意味着鸽子以及其他动物都享有**道德权利**？是的，至少在这个词的三种含义中最宽泛的意义上；根据这种最宽泛的含义，拥有道德权利就是拥有道德地位。

现在让我们考虑更严格的平等考虑意义上的“权利”。鸽子能够被错误对待的事实并不意味着，它们应该获得平等考虑。根据区别对待理论（它赋予动物以道德地位而不是平等考虑），毫无必要地严重伤害鸽子也是错误的。如果鸽子和其他有感知能力的动物应获得平等考虑，那么它们就拥有这种严格意义上的道德权利。平等考虑不仅反对猎杀鸽子，而且还反对（例如）畜牧业，如果人们不需要靠肉食来维持生命的话（见第五章）。另一方面，假设区别对待理论是正确的，那么，虽然射杀鸽子取乐、把它们的头敲碎以及把它们闷死的行为都是错误的，但是，给家庭农场的鸡提供相当舒适的生活、并且只为了吃肉而杀死它们的做法就是正确的——尽管我们不是真的需要食用这些肉，而且不能以这种方式对待人类。

鸽子和其他动物是否拥有最严格的、超越功利意义上的权利？在这种意义上，只有当他人不能剥夺一个人所拥有的某种事物（即使这种剥夺能够带来最大的功利）时，这个人对此种事物（例如活动的自由）才拥有权利。从实践的角度看，确认动物是否拥有这种超越功利意义的权利并不重要（动物研究的情况可能是一个例外，见第七章）。道德地位和平等考虑的问题在实践中是更为基础和更有深远意义的问题。事实上，并非所有的伦理学家都同意，人类拥有超越功利意义上的权利。基于这些原因，我没有探讨关于这种意义上的动物权利的争论，而是把这个争论留给专业的哲学家们。

第三章

动物是什么

一只哆嗦的浣熊在车库里被逼得走投无路，只能缓缓后退，眼睛紧盯着手握扫帚正逐渐迫近的男人。这个人想把浣熊从车库里赶走，而这只动物的行为在他看来是流露出畏惧的。一只狐狸的腿被钢制的捕兽夹困住，夹子深深地扎入了它的皮肤里，它挣扎了几个小时试图逃脱，但毫无用处，它慢慢地咬断自己的腿以便使自己与捕兽夹分开。一个路过的人看到了这种情景，他能够想象到，这只狐狸正在遭受巨大的痛苦和折磨。一条狗由于其人类朋友举家外出旅行，第一次被寄养在宠物寄养站；它有些神经兮兮，心情狂躁，还在地板上大小便。寄养站的工作人员相信，这条狗在这个陌生的环境中有些焦躁不安。

人们以为浣熊会感到畏惧、狐狸会感到痛苦和折磨、狗会感到焦虑似乎是很自然的，但是，这种看法有充分的

图3 一只被捕兽夹困住的狐狸

根据吗？有可靠的证据支持对动物行为的这种解释吗？在更一般的意义上，动物有哪些形式的精神生活？虽然这个问题很容易显示出科学上和哲学上巨大的复杂性，但是，本章对动物的精神生活只提供一个初步的和一般性的讨论——动物属于什么样的存在物？它们是怎么样的？本章的主要论点是，有相当多的动物，包括大多数或全部的脊椎动物，或许还有一些无脊椎动物，都拥有丰富多彩的情感。不过，在探寻证据之前，我们需要理清某些关键术语。

一些基本概念

一个存在物要拥有精神状态或精神生活，它就必须拥有某些**知觉**或**意识**。但什么是知觉？我们将通过参照其他类似术语和列举事例的方法来阐明这个术语。

如果一个人或一只动物在某个特定时刻拥有某些主观的体验，那么他或她在那时是有知觉的。这些体验包括我们清醒时的所有意识状态，甚至包括我们做梦时所体验到的那些杂乱的思维和情感状态。与知觉关系密切的概念是**感知**，即拥有**情感**的能力。反过来，情感既包括**感官的感觉**，例如疼痛和恶心，也包括**情感状态**，如畏惧和喜悦。所有有感知能力的存在物都有知觉的状态。例如，所有有感知能力的动物大概至少都能感受到痛苦或愉悦。

把知觉与**伤害感受**区别开来是重要的。伤害感受是疼痛过程中的第一个事件，它是对潜在的伤害或组织损坏的察觉，因特定神经中枢器官（伤害感知神经元）受刺激而产生；伤害感知神经元在轴突周围激起脉冲（神经元起着脉冲传递通道的作用）。这类刺激包括割、压、刺、热、冷、组织的发炎和肌肉痉挛。伤害感受本身不是知觉或意识的状态，但它通常与这类状态同时发生，通常表现为疼痛。和伯纳德·罗林（Bernard Rollin）一样，人们可能会把伤害感受理解成“疼痛的机器或导管”；尽管如此，在某些特殊情况下，仍可能存在没有疼痛的伤害感受，例如，严重的脊椎损伤可以使截瘫患者仍保留神经反射系统，但是没有疼痛的感觉；被实施了全身麻醉的动物也是如此。

虽然对“知觉”这一术语没有完美的定义，但经验和常识足以帮助我们理解这个基本概念。当我们醒着或在睡梦中时，我们都会体验到主观的状态；并且，我们知道，在一些睡眠和全身麻醉状态中，我们没有这类主观的状态。正如我们将要看到的，经验证据有力地支持着这样的常识判断：许多动物也有知觉的状态，即使它们的意识与人的典型意识相比更简单，有着更少沉思的色彩，并且更少依赖于语言。

动物的疼痛和其他感觉的证据

虽然大多数人都相信，许多动物能体验到疼痛，但是，对动物之精神状态的负责任的讨论必须要考虑，是否有证据来支持关于动物具有这种或其他属性的看法。不过在这里，如同对动物的其他精神状态的讨论一样，我们需要一个操作性的定义来说明我们要讨论的对象。我们自己对疼痛的体验（关于疼痛的现象学）以及对疼痛现象的科学研究都大体支持这种理解：**疼痛是一种不愉悦的或令人厌恶的感觉经验，通常与实际存在的或可能出现的组织损伤联系在一起**。（这个定义并不包括“情感的痛苦”，情感痛苦是对最基本的“疼痛”的一种象征性的延伸；“遭受折磨”通常是对“情感痛苦”的贴切而严密的表达。）

现在，当我们追问某类动物是否体验到了某种特定的精神状态时，有四种证据与之相关。首先，人类现象学有助于我们了解精神状态的分类，并使我们知道这些状态是怎样的。这可以帮助我们建立一个操作性的定义，从这一点出发，我们可以提供其他三个方面的信息来证明非人类动物拥有某种特定的精神状态：特定情景中动物的行为、动物生理学和功能进化理论。其中功能进化理论探讨的是生活在特定小环境中的某种动物之精神状态的变化过程。

让我们把这类证据与疼痛联系起来加以考虑。无疑，动物的举动通常表明，它们似乎正处于疼痛之中。下述三种行为中的任何一种都能表明某种程度的疼痛：（1）避免或逃脱一种有害的刺激（例如，把爪子从利器上缩回）；（2）伤害事件之后的求助（例如，哭喊）；（3）尽量不使用身体的某个过度劳累或受伤的部位以使它们得到休息和恢复（例如，不活动受伤的肌肉部位而活动其他部位）。大多数动物，包括昆虫，都表现出行为（1），虽然某些动物的这类行为也许是基于无痛苦的伤害感受或对刺激的某些类似的无意识反应。脊椎动物和一些非脊椎动物也表现出行为（3）。行为（2）可能仅仅与社会性相对较强的动物有关，在哺乳动物和鸟类中较为普遍。动物学习并适应新环境的证据加强了这样一种信念：上述三类行为中的任何一类都表明动物能感受疼痛，因此动物具有感知能力。这类证据在脊椎动物和至少一些非脊椎动物（如章鱼和鱿鱼）中都能发现。

现在来看看关于动物疼痛的生理学方面的证据。各类脊椎动物都普遍拥有感受疼痛所需的生理机制。疼痛是与一定的生理变化相联系的，包括在特定神经通道中的大量神经脉冲，以及大脑特殊部位的新陈代谢和电波活动。依次地，这些活动还会引发其他的生理反应，例如，交感神经–肾上腺髓质系统和下丘脑垂体–肾上腺皮质系统的变化。不仅神经生理学和神经解剖学上的疼痛在这些动物身上很相似，而且这些动物还有相同的调节疼痛的生理机制，如内源性阿片。此外，在所有的脊椎动物和一些非脊椎动物中，麻醉和止痛剂能够控制明显的疼痛。事实上，如果动物在感受疼痛和其他负面的精神状态方面与人没有重要的相似性，那么，用动物作为模型来研究人类的此类状态就将变得毫无意义。

依据进化论对疼痛之功能进行的研究也为动物疼痛提供了另一种形式的证明。疼痛的生物学功能明显有：（1）为可能发生、正在发生或已经发生的组织损坏提供机体方面的信息；（2）激发机体作出有可能避免伤害或使伤害最小化的反应，例如使肢体迅速地从有害刺激源中移开或为了恢复而不活动肌肉。疼痛的不愉悦性为适应性的、保存生命的反应提供了动力。

然而，人们可能再次回应说，伤害感受或类似的反应——没有疼痛或任何意识的知觉——也许同样能够发挥使动物远离伤害的功能；在这种情况下，功能进化论的论据可能并不能支持动物的疼痛这一事实。然而，进化倾向于保存有效的生物系统。进化不是自发地（没有“设计限制”地）产生能很好地适应特定小生态环境的新的生物，而是在遗传禀赋和从进化的祖先那里继承下来的机体系统的范围内促使生物发生变化。我们现在知道，人类感觉疼痛的能力对于机能和生存来说是重要的。如果人感觉疼痛的能力严重受损或完全丧失，例如感觉缺失的麻风病人，在没有得到特别照顾的情况下，其生命将处于危险之中。使我们产生意识的类似神经结构，以及与其相联系的疼痛行为，也能在脊椎动物中发现，这一事实表明，疼痛对它们来说有一种类似的功能，并且，至少从脊椎动物进化的整个过程来看，自然选择保存了感受疼痛的能力。

然而，除了如章鱼、鱿鱼等最“高级”的非脊椎动物外，在其他的非脊椎动物中，关于疼痛或者更一般意义上的感知却非常不确定。例如，令人印象深刻的一些昆虫的复杂举动，如蚂蚁和蜜蜂，似乎表明它们有感知能力；人们可能把在所有昆虫中明显的疼痛举动——避免或逃脱有害的刺激——当作这些生物能感受痛苦的强有力的证据。

然而，一些昆虫的行为——如在受伤或失去身体部位之后仍继续进行往常的活动，或者不减轻受伤肢体的负担——又有力地表明，它们缺乏感知能力。此外，与脊椎动物相比，昆虫有非常原始的神经系统。最后，昆虫的生命周期很短，学习能力也很低，因此它们能从意识状态（如疼痛）中得到的好处很有限。惊吓反射可能足以使它们从大多数危险情况下逃脱。因此，目前可获得的证据太不确定，无法确切地在有感知能力与无感知能力的动物之间划清界线，虽然我们完全可以肯定，一些非脊椎动物（如变形虫）没有感知能力。

正如我们所看到的，关于非脊椎动物有感知能力的可能性是很不确定的，然而大量证据表明，很多动物能够感觉到疼痛，这显然包括所有的脊椎动物。但是，那些能感受疼痛的动物也能感受快乐——至少是以**愉悦感**的形式——却基本上是可以肯定的。（动物也能体验快乐**情感**的观点还需进一步论证。）我们还可以肯定，能感受疼痛的动物也能感受到**身体的不适**，即一种与疼痛不同的不愉悦的感觉。不过，我们无法在此对这些精神状态作出精确的定义或给出具体的证据。

悲伤、恐惧、焦虑和痛苦的证据

疼痛是感官性的，因此与身体的特定部位有联系；而悲伤、恐惧、焦虑和痛苦是情感性的，因此与体验到这些情感的整个主体相关联。在为动物身上出现的这类状态提供详细证明之前，让我们先弄清这些概念本身的含义。

我们从痛苦开始，它与其他几种情感都有联系。注意，痛苦与疼痛是不同的，因为没有其中一种，另一种也可以发生。比如我捏自己的手，会觉得疼痛但没有痛苦；反之，某人因恐慌而痛苦却没有疼痛。痛苦与悲伤也不一样。如果你仅因某事的最后期限将至而略感苦恼，那你就没有痛苦。**痛苦是一种高度不愉悦的情感状态，总是与一定程度的疼痛或悲伤联系在一起**。因为痛苦是根据疼痛和悲伤来定义的，痛苦的证据同样也是疼痛或悲伤的证据（痛苦是更严重的疼痛或悲伤）。我们在前面已讨论过疼痛。

悲伤是一种典型的不愉悦的情感，是对环境挑战或打破内在平衡的刺激的反应。它可能由迥然不同的现象引起：如瞥见掠食者的逼近、将要失败的信念、腹泻等。悲伤会以多种多样更具体的精神状态表现出来，例如恐惧、焦虑、失望和无聊。彻底地探讨悲伤需要考察所有这些精神状态，在此我们将仅仅考察恐惧和焦虑。

恐惧促使我们对察觉到的危险作出专注的反应，并为未来的反应作准备。虽然轻微的恐惧可能是愉快的，如滑雪时的感觉，但恐惧一般是不愉快的。**恐惧是一种典型的对可察觉到的危险作出的不愉快的情感反应（通常是在紧急情况下），一种集中注意力以采取保护措施的反应**。与之相比，焦虑伴随着一种更一般的（而不是集中的）对环境的警觉和注意的状态。它通常会限制我们的精神资源和阻碍我们的行动，从而使我们关注所处的环境，直到我们决定如何对任何可能产生的挑战作出反应。尽管恐惧和焦虑是紧密相关的，但焦虑特别易产生于不熟悉的环境中，这解释了为什么焦虑比恐惧更不易集中注意力。此外，至少对人来说，焦虑的对象常常是对自我形象可能的损害。**焦虑是一种典型的对可觉察到的、影响自己的身体或心理健康的威胁作出的不愉快的情感反应，这种反应一般都对行为加以抑制，并导致对环境的高度警觉和注意**。从常识上看，恐惧与焦虑在互补性的环境中都有类似的保护性功能。例如，一只猫在兽医的候诊室这一新环境下可能会焦躁不安。在它第二次造访此地时，它可能会感觉到恐惧，因为它回忆起了上次造访时所接受的疼痛不堪的注射。但现在让我们超越常识意义上的主张而转到更严密的证明上来。

现在来看看焦虑的证据，它在我们所讨论的这几种精神状态中最有可能引起怀疑。首先，人类焦虑的典型行为和生理特征，在处于可能使其产生焦虑的情景中的许多动物身上也可发现。这些特征（如果有的话）是：（1）自主神经亢奋，如心悸、出汗、脉搏频率加快和呼吸急促等；（2）运动肌肉紧张，例如在易受惊吓的状态下；（3）在新环境中抑制惯常的举动；并且（4）过度专心，例如在视觉扫描时。这些特征与焦虑的定义相符，它们进一步从行为和生理两个方面为动物的焦虑提供了证据。此外，我们已经看到焦虑的适应性价值或进化功能：它使动物抑制某些行为，并小心地观察环境，为保护行为作准备。

其次，人类的焦虑和动物的某些精神状态（这里我们推断为焦虑）都可以通过类似的方法用某些药物来调节，这些药物会产生类似的神经生理和神经化学方面的变化。

例如，在一种测试中，随意地处罚口渴的老鼠会导致老鼠减少饮水量——对正常行为的一种抑制。但给老鼠服一种抗焦虑的药物会使它恢复正常的饮水量。另一种测试是把动物放置在新环境中（例如灯光明亮的空地上）。之前服用了抗焦虑药物的动物显然比没有服这类药物的动物焦虑更少。此外，当把能引发人的焦虑的药物给动物服用时，动物就会表现出与焦虑相关的行为和生理反应。

由于上述与焦虑有关的大多数研究的实验对象都是哺乳动物，所以下面的研究成果就显得特别重要。科学家很早就知道，在人体中是几乎所有抗焦虑因子酶作用物的苯二氮卓受体，在哺乳动物身上也有。最近的研究表明，五种接受测试的无脊椎动物没有一个有这种受体，并且没有一种软骨鱼（一种处于脊椎动物和非脊椎动物分界处的动物）有这种受体。但是，所有其他被检测的物种——包括三种鸟、一种蜥蜴、青蛙、龟和三种多骨鱼——都有这种受体，这为下述结论提供了又一证据：至少大多数脊椎动物能够体验到焦虑。

虽然把可获得的证据加在一起可以得出这种结论，但这并不意味着，除了共同的不愉快以及高度的警觉和注意力外，人类的焦虑与动物的焦虑在性质上是相似的。毫无疑问，依赖于语言的人类思想的复杂性使人所体验到的焦虑与动物所体验的焦虑是很不一样的。我们这里提出的观点是，许多物种的动物都具有感受本书所定义的“焦虑”概念的能力。

考虑到焦虑和恐惧之间有密切的联系（正如上面已解释的），我们就可以断言，能够感受焦虑的动物也能够感到害怕。支持这一常识判断的是这一事实：所有的脊椎动物都有自主神经和大脑边缘系统，而它们包含着恐惧和焦虑的基质。当然，这类动物的行为常常好像是处于恐惧之中；从进化论的立场看，这是一种具有适应价值的状态。

如果某些动物能够体验恐惧和焦虑（亦即悲伤的两种形式），那么，它们能否体验到悲伤就不再是个问题。但是，它们能体验到痛苦吗？很明显，痛苦是一种高度不愉快的、与一定程度的疼痛或悲伤联系在一起的情感状态。我们已经证明，脊椎动物能够体验疼痛和悲伤。但是，如果一些动物只能体验到**最低限度**（而并非很强烈）的此类状态，那就意味着，它们不能体验痛苦。尚不清楚的是，哪些证据才能支持某些动物仅能体验到最低限度的疼痛和悲伤这一判断。该判断与下面这个一般性的推测是不同的：有最原始的感知能力的动物拥有微弱的精神生活。总之，由于所有的脊椎动物和至少一些非脊椎动物显然是有感知能力的，因而我赞成这种暂时性的假定：至少**大多数**脊椎动物能体验到痛苦。

对某些怀疑论的回应

我们已考察过的证据支持这种论点：大部分动物，包括大多数或全部脊椎动物，或许还有某些非脊椎动物，有多种多样的情感。然而，我们在这里不太可能讨论那些支持更复杂的精神现象的证据：动物与人类可能共享、也可能不共享这些更复杂的精神现象，如思考或推理、语言、自主决策。（这些我已经在别处探讨过。）不过，我们还是有必要确认并反驳某些怀疑动物之精神生活的所谓理由。

一个通常的论点是：动物缺乏知觉或意识，因为它们缺乏**不朽的灵魂**，而灵魂是非物质性的。但是，这是一种非常不可靠的论证。它忽视了所有的关于动物意识的经验证据，却建立在这样一个没有证据的假设之上：只有人类拥有不朽的灵魂，任何其他动物都没有。人们不禁会想，在从原始人进化而来的过程中，我们的祖先究竟是什么时候开始拥有了灵魂！事实上，科学和哲学思想的发展使得断言人类有不朽的灵魂变得越来越困难（即使不是不可能）。神经学和心理学对于灵魂并没有提供有价值的解释；而肯定它的存在会遇到严重的、关于非物质存在和物质存在之间的因果关系问题。即使相信灵魂是个人信仰的一个重要部分，这种信念并不是对动物精神生活的负责任的探究。

有些哲学家认为，因为**语言**对于知觉来说是必需的，所以动物肯定没有知觉。即使我们假定，目前存在的动物没有语言——尽管少数受过严格训练的类人猿和海豚例外——这个论点仍然是没有根据的。虽然语言对于表达一种知觉状态来说确实是必需的，但是，没有理由认为语言对于**享有**这种状态始终是、甚至通常是必需的。如果这是确实的，那么婴儿在掌握语言之前就应该体验不到痛苦、快乐和恐惧——这种观念的不真实性在今天几乎人人都承认。对某些特别情感的表达（例如**对自己终有一死**的恐惧），涉及到抽象的思维能力，可能需要语言上的能力去形成与之相关的思想（如必死性）。但这绝不表明，没有语言的动物就没有情感。

人们有时也听到这样的观点：高度的**理性能力**对知觉状态（包括情感）来说是必需的。但没有令人信服的理由来使人接受这种观点。当然，因为回应某些情感需要复杂推理，高度的理性能力是必需的，例如，一个人为了改善自身健康而设计周详的计划，以便降低由于疾病所带来的痛苦和悲伤。但是，对于体验痛苦、悲痛以及我们已经讨论过的其他情感来说，并不需要复杂的推理。

怀疑论者可能还会通过论证动物没有**自我意识**来挑战动物有知觉这一论点。但这种论点不是未能把知觉与自我意识区别开来，就是假定前者依赖于后者。但请注意，从概念上说，自我意识比基本的知觉更具体更复杂，它涉及到自我的概念。而且，事实上没有一个清晰的理由能证明，为什么所有的知觉都必须包括自我意识。要观察一棵树需要知觉——假定我们所使用的“观察”一词涉及到有意识的体验——但是，这种视觉体验并不需要意识到谁正在观察。因此，我们一般都认为，甚至很幼小的婴儿，在他们获得某些重要的自我意识形式之前，都能够拥有某些情感，例如痛苦或愉悦的感觉。

然而，人们可能争辩说，即使动物有一些精神状态，它们缺乏自我意识就足以表明，它们缺乏某些特定的精神状态，如痛苦。也许先前所陈述的“痛苦”的定义是不完整的；依据埃里克·卡斯尔（Eric Cassell）的观点，痛苦涉及到对自我持续存在的意识，并且在痛苦的过程中，人们感觉到自我的完整性受到威胁。虽然这些怀疑论者通常都没有清楚地说明“自我的完整性”这类概念的含义，但是，让我们假定这一假设是正确的：痛苦涉及到对自我持续存在的意识，即**短暂的自我意识**。

关于动物的痛苦，怀疑论面临的主要困难是，我们有充足的理由认为，很多动物拥有短暂的自我意识。例如，考虑一下我们的主张（可能很少会有人否定它）：脊椎动物能体验到恐惧。而我认为，除非主体拥有某些能延续到未来的知觉，恐惧是不可能的。毕竟，人们是对某些在（可能很近的）未来可能会发生在他们自己身上的事情感到恐惧。当然，人们可能会坚持认为动物没有恐惧的能力，以此来保持对动物的短暂自我意识和痛苦的怀疑态度。但是，我们已经为动物的恐惧提供了证据，却并没有看到支持动物缺乏短暂的自我意识的主张的证据或论证。

进一步的思考，包括下面的两点，为许多动物拥有短暂自我意识的论点提供了支持。第一，认知行为学的发展——该学科以进化生物学为背景研究动物的行为——倾向于支持那种认为许多动物拥有信念、欲望和有意识的行动的观点。认知行为学的主要观点是，就我们所了解的关于动物的所有行为来说，对其行为的**最好解释**就是，动物具有这些属性。如果一条叫鲁弗斯的狗想要（期望）到户外埋一块骨头，而且是有意这样做的，那么，这就意味着，鲁弗斯拥有自我持续存在的某些知觉；欲望通常与本人在未来的福利状况有关，而意图也是在一段时间后才能实现。第二，有大量独立的证据表明，脊椎动物既拥有记忆又拥有对未来的期望。例如，有确切的证据表明，许多鸟对于它们所隐藏的食物有全面的记忆。这样来说，如果动物的任何记忆或期望包括了**动物自我**的某些再现（如对一次受伤的记忆），而这似乎是可能的，那么，这就意味着动物拥有某种短暂的自我意识。总之，如果说痛苦以及其他某些感情（包括恐惧）可能需要一定程度的短暂自我

图4 一只正在“钓”白蚁的黑猩猩

意识，那么我们就有充分的理由认为，至少大多数脊椎动物都拥有这类自我意识。

让我们作一个总结。本章从三名人类观察者开始，他们分别认为浣熊感到了恐惧、狐狸感到了强烈疼痛和痛苦、狗感到了焦虑。现在我们可以说，现有证据表明，他们所认为的动物的这些感受都是真实的。

第四章

痛苦、拘禁与死亡的伤害

雷切尔刚搬进她的新家，在壁橱里发现了一只老鼠。考虑到动物的福利，她想尽可能无伤害地把老鼠赶走，并考虑了两种方案。一种方案是放置一个装有奶酪的致命的捕鼠器，这种产品有一个能够击碎脊骨的金属制撞击装置，能使老鼠立即死亡。雷切尔认为这种选择实际上能让老鼠无疼痛死亡。另一选择是，她可以用一个“人道的”捕鼠器，它里面装有奶酪，能引诱老鼠进入一个容器内，当奶酪被触动时容器就会关上。之后，她可以把容器中的老鼠带到野地里放走。雷切尔想知道，无疼痛死亡是否会伤害一个有感知能力的动物。如果不会，那么无疼痛地杀死一只老鼠不会导致伤害。但她又想到，为什么她会认为“人道的”捕鼠器是值得考虑的？毕竟，当房主人外出工作或晚上睡觉时，一只被逮获的老鼠可能要在捕鼠器内呆数小时。在那段时间里，或在它被带到野地的过程中，这只老鼠毫无疑问会体验到不愉快的情感，如恐惧、焦虑和受挫感。当在野地里被放走时，老鼠可能也会因为被迫离开了家或其他社会组织成员而感到沮丧——如果沮丧属于老鼠的情感之一的话。因为这种“人道的”捕捉方法会导致某些体验上的伤害，很明显，这种方法比捕获并立即杀死它的方法更恶劣，除非死亡对老鼠也造成了伤害。只有在这个意义上，“人道的”捕捉方法因避免了老鼠的死亡才显现出其优势。

一只袋鼠已经在动物园舒适的拘禁状态下生活了数年。自被拘禁以来，它与心爱的伙伴们离别的悲伤感觉已经渐渐地逝去了。它不再希望逃离动物园。总的说来，受挫的期望转换成了很容易得到满足的温和的欲望——对食物、舒适、偶尔的刺激等的欲望。如果返回野外，这只袋鼠会有更大的自由，但同时也会遇到更多的困难，例如，变化的天气、疾病的威胁（却没有兽医照顾），还有捕食者。它的处境激起了人们对动物自由的价值的思考。对自由的限制（特别是严重限制自由的行为），经常会因给动物——以及人类——带来**悲伤**和**痛苦**而伤害到他们。但对这只袋鼠的这种拘禁，在目前看来似乎还不是伤害。我们甚至可以假设，如果袋鼠返回野外，它体验到的舒适度或生活质量将会下降，寿命也许会更短。即使这样，它在野外会更好吗？在野外，它将再次获得更全面地运用其**自然能力**（如感知能力、体力和“智慧”）的机会。袋鼠将重新行使更高程度的**物种特有功能**，它将过一种更富生机的属于袋鼠的独特生活。抛开对其体验到的幸福的影响，对袋鼠来说，这种生活是否更有价值呢？

总之，是什么使动物受到伤害或受益？动物的主要利益是什么？相应地，动物福利的性质是什么？在回答这些问题之前，我们需要研究动物的精神状态以便了解动物拥有哪类体验（这我们已经在前一章讨论了），因为幸福**体验**是动物福利的主要组成部分。现在，在转到涉及动物的特殊伦理问题之前，我们需要知道我们的行为是如何影响它们的福利的。

痛苦的伤害

在其余条件都相同的情况下，如果动物或人类能体验到更高程度的幸福，那么，他们的生活就会更好。愉悦的、有趣的或有吸引力的体验容易使个体感觉到幸福。这类体验主要是**因其本质**或其自身的缘故而被珍视；这些体验感觉很好，我们也喜欢此类体验。但这些体验也有**工具性的**价值，因为感觉良好的个体通常能更好地追求自己的目标。而感觉不好的个体通常心烦意乱，痛苦、恐惧、沮丧等情绪会使他们远离自己所追求的日常目标；有时这些令人厌恶的状态是如此分人心神，以致个体只想着尽早结束这样的状态。（当然，**强烈的**愉悦也会让人分心。也许正因为这样，快乐的短暂性有其进化论的基础。）

因此，令人厌恶的精神状态是有害的。为了方便起见，我们可能牺牲一点精确性而把这类状态——疼痛、悲伤、焦虑、痛苦等——统称为**痛苦状态**。这样，我们就可以用一个词来指认一种类型的伤害。痛苦是一种伤害，给一个人带来痛苦就是对那个人的一种伤害。人类伤害动物的最明显而常见的方式，就是给动物带来痛苦。

正如愉快的精神状态本质上是有益的那样，痛苦本质上是有害的。这一点并不会因为遭受痛苦有时可能会使一个人受益而自相矛盾。一些犯下恐怖罪行的人可能需要受些苦才能真正悔悟并变成一个更好的人。又踢又哄地带一只猫去兽医站做手术以便恢复它的腿的正常功能，这种做法能使猫受益，即使整个过程使它承受了一些痛苦。此外，如我们在第三章所讨论的，每一种具体的痛苦形式（如恐惧和焦虑）都有生物学上的功能以及适应性的价值。因此，痛苦虽然并不总是带来伤害，但是，**总的来看**，痛苦在本质上总是有害的；没有人会仅因受苦而感到幸福。而且，痛苦在工具性的意义上也是有害的，因为它妨碍了对目标、目的和计划的追求。人们通常都有精心策划的生活目标，这些目标的成功对他们来说是非常重要的。动物拥有的是较为简单的目标。不过，我们仍然有理由认为，动物，即便是鱼，也拥有某些欲望——如对食物的欲望——而痛苦会妨碍这些欲望的实现。

痛苦是一种伤害，这不是真正引起人们争论的问题。事实上许多人，包括很多动物研究者、政策制定者和哲学家，都认为我们能够伤害动物的**唯一**方式就是使动物遭受痛苦。因此，人们通常认为，无疼痛地杀死一只用于研究的动物，在道德上是没有问题的，因为这不会导致对它们的伤害。后面我们将会看到这种假定是幼稚的。

拘禁的伤害

与植物不一样，动物可以活动和做一些事情。自由的行动至少使它们能够确保生存的手段。**有感知能力的**动物在活动的时候能够体验到情感，例如快乐和痛苦。假定有感知能力的动物有欲望（正如我在本书其他地方所论证的），那么我们就可以认为，它们**期盼**自由活动并做某些事情。此外，如果它们能做它们想做的事情，它们通常就能体验到快乐或满足；如果它们不能做它们想做的事情，它们体验到的通常就是失望或其他不快的情感。因此，自由——即其活动没有受到外在限制——对有感知能力的动物来说**总体**上是有益的，这能使它们追求它们所缺乏或需要的东西。自然地，对自由的某些限制符合受限者自身的利益——如有围栏的儿童床——而其他一些对自由的限制则至少与人们的利益不矛盾，如你邻居的篱笆对你的自由的轻微限制。

相反，思考一下我们所说的**拘禁**。从狭义上看，拘禁指的是**对行动的外部限制，这种限制严重妨碍了个人追求美好生活的能力**。由定义可知，在这种意义上的拘禁是有害的。由于监狱严重地妨碍了人们对美好生活的追求，因而坐牢是惩罚的一种方式。拘禁的另一个例子是，强迫一只猴子单独生活在狭小而单调的笼子里。毕竟，猴子喜欢四处闲逛、寻找食物、玩耍，喜欢和其他猴子在一起嬉戏。对活动的严重限制不仅常常会导致精神上的痛苦和身体上的不适——如果生活条件是非自然的，并妨碍了动物的正常活动——而且几乎总是给动物带来悲伤和其他不愉快的情感体验。总之，这种外部限制通常引起痛苦。

图5　路边动物展览园中的一只老虎

但如果没有导致痛苦，外部限制还是有害的吗？回顾一下我们动物园里的袋鼠，它在那里生活得很舒适；而在野外生活的话，它的幸福体验事实上会降低。拘禁是否仍然在某种程度上伤害了它？这个问题的答案取决于对一个未解决的理论问题的回答：行使它们的自然能力或物种特有功能在本质上是否有价值（即是否会产生某些独立于幸福体验的福利）。如果回答是肯定的，那么，前面提到的那只舒服的袋鼠就因呆在动物园中而遭受了一定程度的伤害，因为动物园限制了它行使其自然本领的能力。总的来说，回到野外对它可能更好，尽管要遭受更多的痛苦。另一方面，如果自由的价值仅仅在于它能提高幸福体验的程度，那么，那只袋鼠在舒适的拘禁环境中的生活会更好。在没有解决自由的价值问题之前，我们就不能完整地理解动物的福利，但是，对大多数与拘禁有关的现实情境的讨论并不需要等待那个理论问题的解决。严重妨碍动物行使其自然能力的那些拘禁，通常都给动物带来了痛苦，并导致了对动物的明显伤害。

死亡是一种伤害吗?

死亡与垂死是有区别的。垂死的个体仍然活着，但通常包含着痛苦，特别是当垂死的过程被延长时。在垂死过程中可能遭受的痛苦是我们对死亡感到恐惧的一个原因。但是，死亡本身却排除了痛苦以及所有其他体验。死亡对主体的幸福体验没有影响，只是终结了这种体验。死亡是一种伤害吗？

我们的常识判断认为，死亡对人来说通常是一种伤害（至少对于出生之后的人，胎儿还是一个存在争议的问题）。死亡或许没有伤害那些已经足足活了95年的人。死亡肯定也不会伤害那些遭受着无法忍受的痛苦、而且没有任何希望提升其生活质量的人。但**一般来说**，我们认为死亡伤害了死者；这就是为什么谋杀是一种残忍的罪行的原因。那么，**为什么**死亡对人是一种伤害？这一问题的答案对动物来说意味着什么？

一些哲学家坚信，死亡是一种伤害，因为它妨碍了一个重要的**欲望**：即继续生存的欲望。在正常情况下，他们认为，人们**至少在工具性的意义上**珍惜他们自己的生命——**作为成功地追求更多独特目的和计划的必要手段**，例如抚养孩子或完成一本著作。许多人还**从内在的意义上**珍惜他们的生命。无论在哪种意义上，他们都想或渴望继续生存。

因此，在这种观点看来，死亡仅仅会伤害那些渴望继续活下去的个人。这种主张对于动物来说意味深长，因为可能只有非常少的动物（甚至）拥有活着的这种**概念**，更不用说渴望活下去了。假设一幢房子着火了，一只狗还在屋内。它非常害怕；毫无疑问，它会意识到自己可能很快严重受伤或受害。虽然它努力逃跑的行为可能会避免其死亡，但是，要说它拥有关于生命和死亡的概念以及求生的欲望，则是可疑的。因此，在这种观点看来，这只狗会因为烧伤而体验到伤害，但不会因为死亡本身而受到伤害。

一个赞成诉诸欲望这一分析途径的人可能认为，一些缺乏继续活下去的欲望的个体仍然会受到伤害，如果死亡威胁到他们切实拥有的重要欲望。让我们设想，一匹狼渴望在它的群体中获得统治地位。它已经发展了一些重要的盟友，并及时与那些地位更高但比其虚弱的狼展开了几场搏斗，逐渐接近狼群的最高地位。如果它在达到这一目标之前就死了，人们可能会认为死亡伤害了它，因为这阻碍了它在狼群中占统治地位的欲望，即使它缺乏死亡的概念。对诉诸欲望之观点的这种创新将极大地扩大受死亡伤害之动物的范围。但是，它仅仅适用于这样一些动物：或者（1）它们拥有生命的概念和继续生存的欲望，或者（2）它们拥有面向未来的规划。

下面这个例子对所有诉诸欲望来解释死亡之伤害的观点构成了挑战。一个健康的新生婴儿，有着愿意全身心照料她且十分爱她的父母。在出生一周时，她已经毫无疑问地拥有了感知能力，并具有发展出一个正常人所具有的高级认知能力的潜能。但就目前来说，她还没有计划或规划，更不用说生命的概念了。假设由于某个离奇的事故，这个婴儿在睡眠中无痛苦地死亡了。诉诸欲望的解释肯定会认为，她并没有因此而受到伤害。可是，当我们听到这类故事时，许多人都会认为，这是一个悲剧，不仅仅是对于她家里那些极度悲伤的成员而言，也是对于这个婴儿本身而言。死亡伤害了婴儿，这一论断要求我们用不同的理论来解释死亡的伤害。

这种不同的理论（汤姆·雷根、史蒂夫·萨庞提斯以及我都为之辩护的理论）认为，**就其摧毁了延续的生命所能够提供的有价值的机会而言，死亡是一种工具性意义上**

的伤害。有感知能力的动物能够拥有有价值的体验，包括那些能提升幸福感的体验，如快乐和满足，也许还有那些与行使自己的自然能力有关的体验——取决于人们关于幸福的理论。而死亡会剥夺猫或新生儿本应用来体验幸福的生活机会，**即使它或她没有任何关于这种机会的意识**。因此，根据这种观点，某种动物不需要拥有复杂的概念能力或面向未来的规划才会受到死亡的伤害。感知能力本身就足以使一个人拥有有价值的体验，而死亡会中断这种体验。（至于仅仅具备感知能力的**潜力**是否足以证明死亡是一种危害，这还是一个有待深入探讨的充满争议的问题，它对关于堕胎的讨论很重要。）另一方面，如果一只动物既没有求生的欲望也没有面向未来的规划，而且它在未来能够体验到的主要是消极的、充满痛苦的体验，那么，目前这种理论就会否认死亡会伤害这只动物。

现在让我们回想一下雷切尔的例子，她在其新住所发现了一只老鼠。在了解了关于死亡的上述两种观点后，她进行了如下推论："诉诸欲望的观点认为，无痛苦的死亡不会伤害到老鼠。而诉诸机会的观点则持相反的看法：如果把它放到荒野，这只老鼠可以获得老鼠的生活中存在的各类机会。而死亡会毁灭这些机会。”诉诸机会的观点使得雷切尔的这一判断是正确的：人道的捕鼠器虽然可能使它遭受一些痛苦但却保存了它的生命，因此是一种很值得**考虑**的方法。那么，最后她是否会使用人道的捕鼠器，将取决于下面这个也许更具争议的判断：与捕鼠器的使用给它带来的痛苦——一些恐惧、挫败和可能的悲伤——相比，老鼠的夭折可能是一个更大的伤害。但是，雷切尔十分肯定，死亡构成了一种伤害。

她进一步想，假设一辆车撞伤了她的小狗，并轧断了它的腿。雷切尔可以有两种选择，要么让她的狗在麻醉中无痛苦地死去，要么给狗的腿打上石膏，这样还有完全康复的机会。第二种选择方案意味着狗要经受很多疼痛、挫折、或许还有恐惧，因为它的腿要打上大概一个月的石膏。但是，雷切尔凭直觉认为，如果这条狗被无痛苦地杀死了，那么，不仅她，还有她的狗都会失去某些东西。她推论说，如果我们假设死亡带来的伤害就是它毁灭了未来的机会，那么这种以及类似的判断就显得更为合理。

物种间的伤害是否有可比性?

和人类一样，动物也会受到伤害。它们明显地会由于痛苦而受到伤害。它们也会被拘禁所伤害——对其自由的限制大大妨碍了它们正常生活的能力。严重干扰物种基本功能发挥的对自由的限制是否应该被视为这种意义上的拘禁，因而是有害的（即使没有导致痛苦的结果），这仍是一个有争议的问题。哪类动物会被死亡所伤害也是有争议的：仅仅包括那些有求生欲望的动物，还是包括有未来规划的动物，抑或所有有感知能力的动物？前文的讨论支持更具包容性的观点，但问题还是没有得到解决。无论是哪种观点，就我们已经思考过的关于伤害的主要形式来说，一个问题都会出现。如果一个人和一只动物受到一种特定形式的伤害，我们应该认为他/它们各自的伤害在**重要性**上是类似的（大致相同）还是大不相同的？正如我们将看到的，这个问题的答案对于理解我们对动物的道德责任是重要的。

由于痛苦从根本上说是体验性的伤害，所以我们有理由认为，如果一个人和一只动物体验到了大致相等的痛苦——尽管在特定情况下很难衡量——那么他们受到的伤害就是类似的。当然，痛苦在工具性的意义上也是有害的，因为它妨碍了个体对目标的追求。而且，由于毁灭了对目标的追求，痛苦还会产生更进一步的伤害——这一点在人和动物身上都同样适用。更重要的是，如果物种的特有功能具有独立于幸福体验的价值，那么我们就必须认识到，对所有的动物来说，痛苦都会限制这些功能的发挥。总的来看，我们有充分的理由认为，一定量的痛苦应该算作一种可比较的伤害，不论受伤害的是哪类动物。

拘禁带来的伤害在物种间是可比较的吗？如果我们是从这种拘禁所带来的痛苦的角度来理解伤害，那么，答案就是肯定的，因为我们已经发现，痛苦带来的伤害是可比较的。但是，如果对自由的限制妨碍了物种特有功能的发挥——即使它没有导致痛苦——那么拘禁就包含了一种独特的伤害形式。虽然这一点适用于所有有感知能力的动物，但是，认为拘禁对动物的伤害程度是不同的这一观点却是可以得到证明的，不过这种复杂性在讨论死亡的伤害时得到了最好的解释（我们将马上转向这一问题）。

正如我们之前所提到的，一些人认为继续生存具有其内在的价值，所以把死亡看作是一种内在的伤害。这些论证是否正确还有很大争议。然而，一般说来，所有人都同意，对人来说死亡**在工具性的意义上**是有害的。因此，让我们重点关注死亡在工具性意义上的伤害。这种伤害在物种间是可比较的吗?

许多哲学家，包括动物权利的一些主要捍卫者，对这一问题的回答是否定的。那些赞成从诉诸欲望的角度来理解死亡带来的伤害的人认为，由于大多数有感知能力的动物没有对生命的欲望——或者如改进过的观点所认为的那样，没有面向未来的生活规划——因而死亡**根本**不会伤害到这些动物。所以，很明显，死亡对它们的伤害较之于对正常人和任何符合相关标准的动物的伤害都要小。那些赞成诉诸机会的观点的人则认为，虽然死亡剥夺了所有有感知能力的存在物可获得的机会，但是与那些生活较为简单的动物（包括大多数或所有的动物）相比，可获得的机会对人更有价值。（为了支持这一论点，一些哲学家诉诸人类所谓的在获取愉悦感和满足感方面的优越能力；其他人则诉诸人类所谓的更有价值的行为特征和功能类型。）类似地，猴子可获得的机会较之于猫而言更丰富，而猫可获得的机会较之于海鸥而言又更多，等等。这种比较是基于物种在认知、情感和社会复杂性等方面的不同。总之，**对于个体的生活而言**，生存的价值因物种不同而有差异，所以死亡所带来的伤害的严重程度也相应地各不相同。

图6　一间饲养肉鸡的鸡舍

要对这些有关比较价值的问题进行深入探讨，将要求我们系统地研究那些尚未得到解决的理论难题（我在其他地方已经分析过）。在这些问题上，人们尚未达成任何重要的共识。然而，几乎所有的评论家，包括我自己，可能都会接受这样一种谨慎的主张：一般说来，与大量有感知能力的动物（至少包括那些比哺乳动物“更低级”的动物）相比，死亡对人的伤害是更大的。同样，人们可以认为，拘禁妨碍了具有更大价值的活动和功能，或者剥夺了具有更大价值的愉悦和满足，而与某些动物相比，拘禁更容易剥夺人的这类愉悦和满足，因此，拘禁对人的伤害比对动物要大。然而，我们应该记住，对自由的严重剥夺几乎总会导致痛苦——一种对所有物种都类似的伤害。（从理论上讲，如果**仅从工具性的角度来考虑**痛苦，人们也会得出类似的观点：痛苦所威胁到的功能的形式或满足感的来源，因物种不同而有差异。但是，我将忽略这一点，因为痛苦主要是一种体验性的伤害。）

结论

我们的讨论得出了一些结论。第一，一定量的痛苦是一种可比较的伤害，不管谁是受害者。第二，如果在人和某些动物——至少是那些比哺乳动物“低级”的动物——之间进行比较，那么，死亡不是一种可比较的伤害。正常情况下，死亡对人的伤害更大。第三，就其会导致一定量的痛苦而言，拘禁在不同物种间是一种可比较的伤害；但是在人和某些动物之间，就其妨碍有价值的活动或获取满足感的可能性而言，拘禁所带来的伤害又是不可比较的。现在让我们重新审视第二章所概括的伦理框架，简要地讨论一下潜在的伦理分歧。

如果一个人赞同平等考虑的框架，他会认为，对于人类和动物的**类似**利益，我们必须给予同等的道德考虑。这样，平等考虑意味着，就像给人带来痛苦的行为在道德上是有问题的一样，给动物带来痛苦的行为在道德上也是有问题的。正如我们将在后面的章节中见到的那样，许多使用动物的机构明显地不符合这个标准。另一方面，下述观点与平等考虑是不矛盾的：反对杀害人的道德假定比反对杀害动物的道德假定要坚实一些。（这一论点得到了其他观点的进一步支持，包括这一观点：如果人们热爱的某个人死了，那么，他们所体验到的情感伤害通常都更大。）并且，就这些动物而言，反对拘禁它们的道德假定**在某种程度上**也比反对拘禁人的道德假定要薄弱一些。

与平等考虑不同，不平等主义者对可比较和不可比较的伤害这一微妙话题所给予的关注较少。不平等主义者断言，**总体上**人类的利益较之动物的利益在道德上更重要。

而且，一般说来，动物在认知、情感和社会性方面越复杂，其利益在道德上就越重要；这证明了物种间不平等考虑的等级模型或区别对待的合理性。认为（比如说）死亡带来的伤害在物种间不可比较的观点使得不平等主义者断定：就许多动物来说，几乎不存在可以用来反对无痛苦地杀死它们（比方说，在生物医学的研究中）的理由。也许更重要的是，不平等主义者否认，给青蛙、画眉鸟、老鼠和人带来痛苦的行为在道德上都是同样有问题的——即使我们永远也不应随便给它 / 他们带来痛苦。

我们已经探讨了动物的道德地位、它们的精神生活以及它们可能会受到伤害的主要方式，现在让我们转到有关人类使用动物的实践伦理问题上来。

第五章

吃荤

母鸡X在一个拥挤不堪的孵卵器中开始了它的生活。随后它被关入一个全部由铁丝制成的“层架式”鸡笼中，这与符合母鸡本性的户外环境非常不同，而它将在这里度过它的一生。（由于没有商业价值，雄性小鸡都被毒死、碾碎或闷死。）母鸡X的笼子极其狭窄，以致它无法舒展羽翼。虽然它的嘴对于进食、探寻和修整羽毛来说非常重要，但却被切掉了一部分（并且是穿过敏感组织），目的是为了防止它啄笼中其他的伙伴而导致的危害（鸡笼中的鸡互啄对方的行为源于过分拥挤）。产蛋前数小时内，母鸡X都在鸡群中焦虑地踱步，本能地搜寻着一个它无法找到的小巢。产蛋时，它只能站在倾斜的、不舒适的铁丝笼底，这是为了防止其本能的行为，如啄食、沙浴和啄破鸡蛋。缺乏锻炼、不自然的环境以及要求极高的生产率（它

一年要产250个蛋）导致它骨头脆弱。（与许多母鸡不同，母鸡X没有经历强制换羽期；在强制换羽期，母鸡会在一至三天里没有水喝，而且近两个星期得不到食物，以此来延长产蛋周期。）在两岁时它的功能已耗尽，于是被塞入一个板条箱，装上卡车——没有食物、水或对恶劣天气的防护——运往屠宰场。这种粗暴的装运方式导致母鸡的一些脆弱骨头开始折断。到达指定地点后，母鸡X被倒挂在一个传送带上等待一把自动刀片割断它的喉管。因为美国的《人道屠宰法》并不适用于家禽，所以在整个过程中它完全有知觉。它的身体在存活时期已被严重损害，因而在死后只适合于做鸡肉馅饼、鸡肉汤等等。

公猪Y四周大时断奶，被关在一个非常拥挤的、多层的饲养栏中。由于通风设备简陋，它呼吸的空气中有着浓烈的屎尿味。在体重达到50磅后，它被关进一个狭小的“催肥”畜圈中。这个畜圈是用板条做的，混凝土的地面并没有铺垫任何草垫，也没有任何娱乐物件。尽管猪是有着较高级智力和社会性的物种，但猪Y与其他的猪被铁制的栅栏隔离开，除了起身、躺下、吃和睡之外别无他事。它有时咬邻近板条箱中其他猪的尾巴来娱乐自己——直到所有猪的尾巴被“截短”（切断）。这些程序和阉割都是在没有麻醉的情况下实施的。当它被决定屠宰时，猪Y被粗暴地赶入一辆卡车，与其他30头猪挤在一起。两天的旅行对猪Y来说并不愉快，它与其他猪相互争斗，无法进食、饮水、休息，也没有避暑的措施。在屠宰场，猪Y闻到了血腥味并抗拒装卸者的刺戳。但他们用一根钢管从后面反复地驱赶和敲打它，直到它被困在传送带上并送到击昏器前。猪Y是很幸运的，因为它被电流击昏的过程很成功，在它的身体被浇上沸水和分割肢解之前它已经被杀死。（尽管《人道屠宰法》要求，除家禽外的动物在它们被钩住、倒挂吊起和切割之前，要对它们实施电击，使其失去知觉，但许多屠宰场的雇员说，违反这些规定是常有的事。由于担心高压电可能导致它们体内“热血飞溅”，许多屠宰场的监察人员明显鼓励使用低得多的电压，以致无法保证它们没有知觉。此外，在许多屠宰场，电击人员每隔几秒钟就要用电流击昏动物，他们面临极大的压力，无法确保电流能击昏生产线上的每一只动物。）

尽管母牛和它们的小牛相依为命是自然而然的事，但母牛Z在出生之后不久就被从母亲身边带走（那时它还

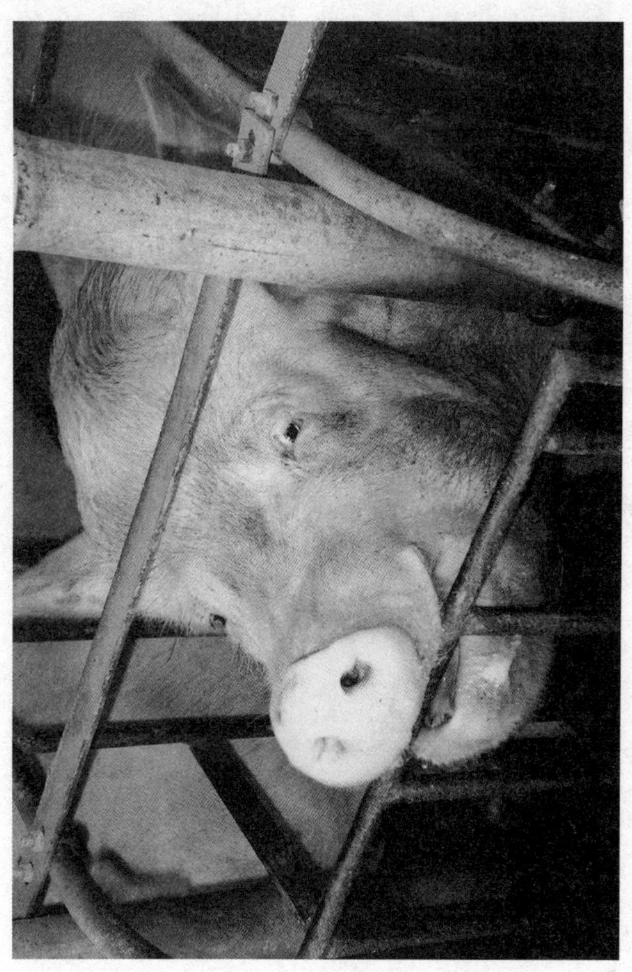

图7 咬着栅栏的一头猪

是小牛），开始了它作为奶牛的生涯。母牛Z从没喝过初乳——它母亲的乳汁（母乳有助于小牛抵抗疾病）。它生活在一个非常拥挤的、没有青草的“家畜围场”中，它的尾巴在没有麻醉的情况下被切除。为了产出多于正常状况20倍的牛奶，它被迫吃很多的谷物——而不是有利于母牛消化的富含纤维质的粗饲料——这使得它的新陈代谢紊乱并导致痛苦的跛足残疾。和许多母牛一样，尽管在非哺乳期服用了抗生素，但它还是经常患乳腺炎，这是一种痛苦不堪的乳腺发炎。为了保证持续的牛奶产量，母牛Z被迫每年产一头小牛。为了加速它的生长和生产力，它每天被注射牛生长激素。它的自然寿命是20年或更长，但在4岁时它已不再能维持产奶水平，它的能量已被“耗尽”。在运输和装卸的过程中，母牛Z是幸运的：虽然被剥夺了食物、水和超过两天的休息，还伴随着被刺戳的恐惧，但它没有被毒打；在屠宰场，它的本能（不同于猪）使它能够在由单根木条做成的斜槽上轻松行走。不幸的是，那个缺乏训练的电击师傅不太会操作气动击昏枪。虽然他电击了母牛Z 4次，它还是一次次站立起来并不停地咆哮。然而，这个过程并没有就此结束，它被倒挂起来递送到“屠夫”面前，他切断它的喉管并把血放尽。它在流血及被肢解和剥皮的部分过程中还保留着知觉。（联邦监察员所站的地方使他看不到所发生的事情；另外，他应接不暇地检查眼前飞驰而过的动物尸体，只想发现某些明显的污染痕迹。）母牛Z的身体将被用于牛肉加工食品或牛肉汉堡。

工厂化农场的设立

上面描述的动物生活是动物在现代工厂化农场中的典型生活。在美国、英国和其他大多数工业化国家，这些工厂为我们提供了大多数的肉制品和乳制品。自从第二次世界大战后，工厂化农场——它们在非常有限的空间里饲养尽可能多的动物，以达到利润最大化的目的——迫使美国300万家庭农场破产；与此同时，英国和其他国家的农业部门也见证了类似的转变。科学的发展刺激了工厂化农场的兴起；这类科学发展包括：动物所需的维生素D的人为供应（否则动物自身合成维生素D需要阳光）、减少某些疾病蔓延的抗生素的成功发明，以及提高产品品质的先进的基因选择方法。由于创立这种机构的动力是经济效率，所以工厂化农场仅仅把动物作为实现经济效率这一目的的手段来对待，即当作没有独立的道德重要性或任何道德地位的纯粹物体来对待。

就受伤害动物的数量及其受伤害的程度而言，**工厂化农场对动物的伤害较人类的任何其他机构或活动都大**。仅在美国，这种机构每年就杀死1亿多只哺乳动物和50多亿只家禽。美国农场的动物实际上没有得到合法的保护。最重要的联邦法就是《人道屠宰法》，但它并没有覆盖到家禽——我们所消费的动物中的大多数——而且也不涉及动物的生活环境、运输或装卸过程。更重要的是，正如盖尔·艾斯尼茨（Gail Eisnitz）和其他人已经广泛引证过的，这项法案很少被实施。很显然，美国农业部支持农业企业的主要目标：没有障碍地实现利润的绝对最大化。这种现象并不奇怪，因为自从20世纪80年代以来，美国农业部的大多数高级官员要么本人担任过农业企业的领导，要么与这一产业有着政治上和财政上的紧密联系。

相反，一些欧洲国家对类似美国工厂化农场中的那类极端做法加以了限制。例如，英国禁止使用板条小牛栏，并规定，在运输过程中，不给动物提供食物和水的时间不得超过15小时。欧共体和欧洲委员会制定了农场动物的福利标准，并在不同的成员国中把这些标准转化成了法律。与美国农场动物的状况相比，这些标准通常提供了更多的空间和更大的自由，以确保符合动物本性的行为得到实现，同时提供的还有更人道的生活环境。尽管如此，欧洲的大多数畜牧业仍然是高度集约化的，足以冠以“工厂化农场”这一名称。

到目前为止，我们的讨论主要是通过三个例子描述了工厂化农场的基本状况。有人可能会反对说，母鸡X、猪Y和母牛Z的处境并不代表所有工厂化农场的普遍特征。这种反对意见无疑是正确的。但是，有证据表明，这三种动物所遭受的痛苦是普遍存在的，至少在美国是如此。虽然在此全面地描述工厂化农场是不可能的，但增加对其他种类的农场动物的一些说明，也许是有帮助的。下面的概括意在描述美国的状况，但有些概括实际上也描述了其他许多国家动物的遭遇。

作为肉牛饲养的牛的处境通常都比这里描述的其他动物的处境要好。许多牛有机会在圈外自由活动大约6个月。之后，它们被长途运送到饲养场，在那里它们被喂养谷物而不是草。使它们遭受痛苦或悲伤的主要因素是：持续不断的风吹雨打、用烙铁打烙印、去角、未经麻醉的阉割、为身份鉴别而割耳，以及枯燥的、一成不变的生活环境。当然，我们还可以加上被运送到屠宰场的过程中以及在屠宰场里所遭受的伤害。

肉鸡在封闭的鸡圈中度过一生；由于数十万只鸡以超常规的速度生长，鸡圈变得越来越拥挤。除了极度拥挤之外，它们遭受的主要伤害还包括：同类相残、因恐慌而相互踩踏所导致的窒息、切除嘴尖，以及因堆积的粪便和简陋的通风设备而导致的非常不健康的呼吸环境。

食用牛犊被剥夺的生活福利在许多方面与猪相似。那些用配方食物喂养的食用牛犊尤其如此；它们单独生活在用木条板做成的牛圈中，这种牛圈非常狭窄，以致牛犊无法转身或以自然的姿势睡觉。牛犊得不到水和固体食物，而是饮用一种缺铁的代乳品——以便给美食家们提供尽可能白嫩的牛肉；这使小牛患了贫血症。这种饮食和单独拘禁极大地损害了小牛的健康，导致了小牛的神经质行为。

现在让我们来概览一下全景：**工厂化农场通常给动物造成痛苦、拘禁和死亡这类严重的伤害**。就痛苦——或一般的体验性伤害——而言，所有的证据都表明，工厂化农场的动物在它们的一生中明显地体验到了大量的痛苦、不适、无聊、恐惧、焦虑和其他可能的不愉快情感。（见第三章关于动物的精神生活的讨论。）此外，工厂化农场的性质决定了，它对动物的**拘禁**完全符合我们对这一术语约定俗成的理解，也就是说，工厂化农场给动物的行为自由施加了严重影响其生活质量的外在限制。（只有那些作为肉牛特殊喂养的牛不是在这种意义上被拘禁的，至少在它们生命中的部分时间里是如此。）而且，工厂化农场最终会杀死这些作为肉食饲养的动物，从而给它们增添了死亡的伤害（假设如我们在第四章所论证的，死亡伤害了母牛、猪和小鸡这类动物）。当然，只有当我们认为这些动物的生命**本来可以**得到人道的对待时，死亡才能被视为一种伤害。考虑到它们目前所获得的对待方式，死亡似乎还可被看作是一件幸福的事（肉牛或许除外）。总之，工厂化农场给动物带来了巨大的伤害这一基本结论是毋庸置疑的。

道德评价

在对工厂化农场的道德评价方面，如果第一个重要的洞见是它们导致了对动物的严重伤害，那么第二个重要的洞见就是：**消费者不需要工厂化农场的产品**。我们无法合理地认为，给这类动物带来的所有伤害都是**必要的**。除了非常特殊的情况外——例如，人们面临饥饿且别无选择——我们一般都不是必须靠吃肉食才能生存甚或保持健康。吃荤的主要好处对于消费者来说是**愉悦**，因为许多人特别喜欢肉的味道，以及**方便**，因为要调整到接受或保持素食食谱需要一些努力。把上述两个重要的洞见结合起来，我们就会得出这样的结论：**工厂化农场给动物带来了不必要的严重伤害**。因为导致大量不必要的伤害无论如何都是一种错误，所以得出下一论断似乎是必然的：工厂化农场是一种无法得到合理辩护的机构。

注意，对工厂化农场的这种谴责并不是依赖于动物应获得平等考虑这一有争议的假定。即使人们只接受关于道德地位的区别对待模型（它证明给动物较少的考虑是合理的），也无法为给动物带来不必要的严重伤害的做法进行辩护。这表明，如果一个人非常认真地对待动物，把它们看作是至少拥有某种道德地位的存在物，那么他就会认为工厂化农场是无法得到辩护的。

那么，消费者是否有错呢？消费者并没有伤害动物，而只是食用了工厂化农场的产品。那好，让我们想象一下，某个人这样说："我自己并没有把狗踢死，我只是花钱请人把它踢死了。"我们会认为这个人做了错误的事情，因为他鼓励和怂恿了残酷的行为。类似地，吃荤的人可能通常都感到，肉制品的生产离自己很遥远，或许他们甚至从未想过工厂化农场和屠宰场发生的事情；尽管如此，因为他们购买了工厂化农场生产的肉制品，这就直接鼓励了相关的残忍行为并使得这类行为成为可能。所以消费者也是负有重大责任的。总之，下面的道德原则（虽然有些模糊）是站得住脚的：**尽最大的努力，不给那些使动物遭受严重的不必要伤害的机构提供经济上的支持**。

我认为，购买工厂化农场肉制品的行为从经济上支持了大量不必要的伤害，违反了这个原则，因而在道德上是无法获得辩护的。有趣的是，我们得出这个重要结论并不依赖于任何特定的伦理学理论（如功利主义或强式动物权利论）。无论如何，到目前为止，我们主要是基于动物福利的考虑而反对工厂化农场并抵制其产品，但是，我们的论证还可通过对人类福利的考虑而得到进一步的加强。这如何证明呢？

第一，动物产品具有高脂肪、高蛋白并包含胆固醇，与心脏病、肥胖、中风病、骨质疏松症、糖尿病和某些癌症具有较强的关联性。医学专家现在都建议，与（例如）大多数美国人的饮食相比，人们应少吃肉而多吃谷物、水果和蔬菜。第二，自二战以来，美国工厂化农场已经导致300万个家庭农场破产，因为每年享有数十亿美元政府补贴的大型农业综合企业越来越占统治地位。虽然美国消费者经常听说，工厂化农场的肉制品的销售价格更低，但是，很少有人向他们提起幕后的税收补贴代价。在英国和其他许多国家，占有类似统治地位、使许多更小的农场破产的大型农业综合企业则相对较少。第三，工厂化农场正破坏着环境。它过度地消耗能源、土地和水，导致表层土壤的侵蚀、野生动物栖息地的破坏和森林的滥砍滥伐；它对肥料、农药和其他化学制品的使用还导致了水污染。第四，工厂化农场对人类食品的分配产生了不利的影响。例如，它需要消耗含8磅蛋白质的猪饲料才能生产出1磅供人食用的猪肉，需要消耗含21磅蛋白质的牛饲料才能生产出1磅牛肉。结果，（例如）美国生产的大多数谷物都被拿去饲养家畜。不幸的是，富裕国家对肉制品的需求，使得植物蛋白的价格对最贫穷国家的普通大众来说过于昂贵。贫穷国家常常放弃可持续发展的农业实践，去生产能出口套现的农产品和肉制品，但这种以大量土壤受侵蚀为代价换来的利润是短暂的，结果会导致这些国家的贫困和营养不良。事实上，如果合理使用的话，人类很容易获得足够的植物蛋白质来养育地球上的每一个人。第五，也许特别是在美国，工厂化农场对它的雇员来说是残忍的。它要求他们承受高强度的工作压力。例如，一个工人每分钟要切剁90只鸡，他因担心错过流水线上的鸡而站在流水线旁小便。它还使农场工人遭受美国工人所遭受的一些最严重的健康危害（例如皮肤病、呼吸问题、手臂致残、胳膊受伤，以及被发狂的、未得到恰当电击的动物弄伤），而这一切所换来的只是很低的报酬。第六，从20世纪80年代开始，美国放松对肉制品工业的管制，生产流水线也变得更加快速；这两种因素使得保证肉制品的安全几乎不可能。

正如亨利·斯皮拉（Henry Spira）（见辛格书中谈及斯皮拉的部分）指出的那样，据估计，被污染的鸡肉每年导致2,000美国人死亡。

所以，由于能够获得基于人类福利之考虑的进一步支持，抵制工厂化农场产品的理由是非常有力的。但是，我们不应忽视下面这个重要的反对意见。人们可能认为，继续保持工厂化农场从经济上讲是必要的。假如通过成功抵制，这个行业破了产，这不仅对农业企业的所有者来说明显是一个灾难，而且也会减少许多工作岗位，并有可能损害地方经济。这种观点进而指出，此种结果是不能接受的。因此，正如工厂化农场是必要的那样，给动物造成严重伤害也是不可避免的。这种观点与我指责严重**不必要**伤害的观点正好相反。

在回应上述反对意见时，我们或许可以同意假设的可能后果为事实，但同时批驳废除工厂化农场是不可接受的这一主张。首先，正如彼得·辛格所指出的，终止工厂化农场的负面代价只需要我们承担一次，而永远保持这种机构则使动物永无止境地承担这种代价。其次，考虑到工厂化农场的雇员如此糟糕的待遇，很难相信，他们不得不寻找其他工作能算得上是什么严重的伤害，正如无数“被耗尽”的雇员所做的那样。再次，如果这个行业被取消（假设不是简单地被更少集约化的畜牧业所取代，因为更少集约化的畜牧业还会使一些问题存留下来），由工厂化农场所引发的对人类福利的多种威胁——健康的危险、环境的破坏、低效率以及不合理的谷物蛋白质分配，等等——通常都可以得到避免。避免这些不是一次性的而是无止境的危险和伤害，似乎可以弥补任何短期的经济损害。最后，我提出，**在追求利润或就业时，我们对其他人的所作所为存在着道德底线，而在追求这些目标时使有感知能力的生物遭受严重伤害的行为则越过了这些底线**。（强制卖淫、逼迫他人进入色情行业或奴隶制度都是违反此类底线的生动例证。）如果这种观点是对的，那么就不能认为工厂化农场是必要的了。总之，我认为把这些反驳结合在一起，就能削弱从经济必要性角度对工厂化农场所进行的辩护。

传统家庭农场

本章前面关注的是工厂化农场，因为这是我们消费的大多数动物产品的来源。但是，人们也食用通过其他方式饲养的动物，包括传统家庭农场。

由于家庭农场采用的是集约化程度较低的饲养方式，所以，它们给动物造成的伤害较之工厂化农场要少得多。家庭农场可能并不拘禁动物，即限制它们的活动，从而严重干扰它们的生活状况。但是，如果诉诸机会的论点对死亡之伤害的解释是正确的（见第四章），那么，家庭农场的动物也无法完全不受伤害，因为它们最终还是会被杀死，这意味着要承受死亡的伤害。

家庭农场与它的主要竞争对手工厂化农场相比，有着更有力的辩词，因为它对动物产生的伤害要少得多，而且，至少避免了工厂化农场对人类福利的一些威胁，例如，水污染、极度恶劣的工作条件等。不过，我们还是有很强的道德理由来反对家庭农场并且抵制其产品。一方面，这种机构确实通过某些方式给动物带来了一些严重的痛苦：给牛打烙印、去角；阉割牛和猪；把幼崽与其母亲分开（这种分离甚至会给家禽带来悲伤）；以及在运输、装卸和屠宰过程中粗暴地对待动物等。此外，所有的动物都会被杀死。由于吃荤是不必要的（异常情况除外），因而这些伤害也是不必要的。给动物带来不必要伤害的这种日常行为很难获得辩护。

然而，一些可能的反对意见或许会进一步支持某些形式的家庭农场。例如，鸡和火鸡可能不会遭受刚才描述的大多数伤害。如果一只鸡或火鸡能够过一种愉快的生活（比方说，拥有完整的家庭，从来没有被虐待过），那么，唯一相关的伤害就是死亡。然而，赞成用诉诸欲望的观点来解释死亡之伤害（尽管我在第四章批驳过这种观点）的人可能会否认家禽会遭受这种伤害；这意味着，生活在舒适环境中的家禽根本没有受到伤害。

另一方面，如果一个人（不同于笔者）接受道德地位的区别对待模型，那么，他就会依据不同动物在认知、情感和社会性方面的复杂程度，给予它们的利益——包括避免痛苦的利益——以不同的道德考虑。这种伦理模型的拥护者可能会为这样一些家庭农场——它们把公认的不必要的痛苦降到了最低限度——进行辩护。他可能认为，导致**最低限度**的不必要伤害，甚至对于哺乳动物而言，并非总是不对的，特别是如果这样做能够获得解决农民就业这样的一些重大好处。然而，在评估这种理据的合理性时，人们需要再次考虑这种做法对人类福利的消极影响，例如对谷物蛋白质的非常低效的使用。

海产食品

我们所消费的许多肉制品都来源于海洋。先来看看鱼类和头足类动物（章鱼和乌贼）。我们第三章已得出结论说，这些动物是有感知能力的，会感受到疼痛和悲伤；至于它们能否体验到特定意义上的痛苦（即某种与一定程度的疼痛和悲伤联系在一起的非常不愉快的情感状态），我们持一种开放的态度。现在，人们在抓捕鱼类和头足类动物时需要先钩住或网住它们，然后使它们窒息而死。很明显，它们在这个过程中体验到了不愉快的情感。虽然传统的捕鱼方法不涉及拘禁——因为这些动物在它们的自然环境中是自由的——但死亡显然是不可避免的。如果基于机会来解释死亡的伤害，那么，死亡在**某种程度上**伤害了这类动物，但如果基于欲望来解释死亡的伤害，那么，死亡就没有伤害这类动物。

人们可以找到几个理由来支持鱼类和头足类动物只受

到了最低限度伤害的观点：宣称它们所遭受的痛苦是非常短暂的；全然否认它们遭受了痛苦；断言死亡对它们的伤害可以忽略不计。这样一来，人们就可以认为，它们所遭受的这种最低限度的伤害能够被人们所获得的某些好处所抵消，如它可以带来快乐、便利、健康的饮食，以及渔民的就业。（然而，相信动物拥有最强的、超功利意义上的权利的人［见第二章］会反对这种推理。）自然地，道德地位之区别对待模型的拥护者会认为，海产品的生产和消费行为是很容易辩护的，因为鱼类和头足类动物在道德阶梯中处于相对较低的位置。

存在于我们的分析中的一个复杂因素是，今天，很多鱼都是在渔场中饲养的。它们的生存环境是如此拥挤，不仅与拘禁相差无几，还增加了鱼类生活的不愉快。如果鱼是以这种方式被饲养的，那么，抵制购买这些产品的理由就变得更为有力。

头足类动物之外的龙虾、蟹、小虾和其他非脊椎动物又如何呢？目前尚无可靠证据证明，它们拥有感知能力。如果它们没有感知能力，我们的行为就不会伤害到它们。基于这种不确定性，在我们是否应该假定它们拥有感知能力、从而不能伤害它们的观点上，人们也许有理由持不同的态度。

在思考海产品的食用问题时，绝不能忽视我们给那些未被我们食用的动物所带来的伤害。例如，假设你从一个其渔网经常网住并杀死海豚的公司那里购买金枪鱼（而我们知道，海豚在认知、情感和社会性方面的复杂性可以与类人猿相媲美）。该公司在捕捞金枪鱼的过程中给海豚造成了伤害；这种伤害使得你从该公司购买金枪鱼的行为恰如你从工厂化农场购买肉产品的行为一样，变成了一个严重的道德问题。

第六章

收养宠物和动物园的动物[1]

1　本章标题为 keeping pets and zoo animals。我们把 keep 一词暂译为“收养”，但希望读者记住，作者在本章中使用的 keep 一词同时还包含持有、拥有、占有、扣留、关押等含义。—译注

一条5岁的金毛猎犬珍妮过着舒适的生活。它吃得很好，能获得必要的兽医保健，也没有受到虐待。但它生命中的大部分时间都是在无聊和孤独中度过的。它每天享有两次拴着皮带的散步时间，每次15分钟。它所居住的房子有一个很大的后院，但没有用栅栏围住，所以它只有在散步时才能到户外去。这个家庭的主人白天在外上班，他们唯一的孩子对珍妮有着深厚的感情，但也只是偶尔与珍妮玩耍，大多数时间珍妮都只能独自呆着。

两只狮子，利奥和利昂娜，是某动物园展馆中唯一的两个住户。它们出生在两个不同的动物园中，自从断奶后就与它们的母亲分开了，是现在的这个动物园把它们俩关到了一起。在这里，它们彼此逐渐熟悉。利奥和利昂娜在面积中等的展馆中生活得很舒适；展馆的大部分都位于户外。它们吃得很好并得到兽医周到的照料。但它们感到厌倦并无精打采，也很少相互交流。与大部分时间花在猎取食物上的野生狮子相比，利奥和利昂娜从来不用猎取食物，或以其他的方式充分使用它们的官能、肌肉或智力。它们也很少玩耍。

两种情景都是由于人为的干预而使动物活动的自主性或自由受到了限制。限制动物的自由到底是不是正当的？如果是，在什么情况下是正当的？拘禁是否必然会伤害动物，或是否是对它们的不尊重？本章将对这些问题以及相关的一些问题进行探讨。

收养动物的条件

在我看来，动物的喂养者和看护者必须满足两个条件，才能证明他们收养特定动物的行为是合理的。第一，**动物基本的生理和心理需要必须得到满足**。满足基本需要的这一要求，可以通过诉诸动物拥有道德地位的假设（在第二章已证明过）来证明。它还可从下述观点得到进一步的支持：在收养宠物和动物园的动物时，人们就承担了关心动物福利的责任。因此，某人让他的猫挨饿的行为，不能因为他没有主动伤害猫就可以不受谴责；他作为照料者这一角色与他的猫之间所形成的特殊关系，决定了他对他的猫负有特殊的积极义务。

第二，**给这种动物提供的生活至少要同它在野外可能获得的生活一样好**。给动物提供大致相同生活的要求，可用如下观点论证：我们不应该使宠物或动物园的动物生活得更糟，因为，使它们生活得更糟将构成**不必要的伤害**。

但有人可能问，收养动物有时不是**必要的**吗？比方说，为了保护一个物种，或者为盲人提供导盲犬？如果这是必要的，那么在这种情况下收养行为给动物所带来的伤害也是必要的。但是，我们必须根据具体案例来审视关于必要性的这种主张。“必要性”通常与某些目标有关，如物种的保护；在判断因追求某个目标而给某人造成的伤害是否合理之前，我们需要首先对该目标的重要性进行评估。（强式动物权利论原则上反对在未经某个体同意的情况下，为了促进其他个体的利益而伤害该个体。）如果伤害某个动物的特殊案例——比方说严格训练一条狗来帮助盲人——给人造成的印象是，这种伤害是**明显**必要的，那么，这可能是因为，人们潜在地假定了：动物的道德地位低下，因而它们被用来满足人的需要是正当的。

无论如何，人们还可通过另一种方式来为要求给动物提供大致相同生活的主张提供辩护。如果我们知道一个孩子在一个收养家庭将过得更糟糕——孤儿院是善意的，而这对收养夫妇却非常喜欢虐待人，在这种情况下仍然允许这个家庭收养孩子肯定是错误的。平等考虑的观点要求我们把同样的标准应用于动物：不能使宠物或动物园的动物生活得更糟。自然地，那些反对平等考虑而赞成区别对待的人不会接受关于给动物提供大致相同生活的第二个论证。而对于基于对不必要伤害的谴责的第一个论证，反对平等考虑的人可能要么极大地扩展属于“必要”伤害案例的范围，要么挑战不必要地伤害动物总是错误的这种观点。因此，区别对待模型的拥护者可能只接受基本需要这**一要求**，而把提供大致相同生活的要求视为一种道德**理想**——它的实现取决于人们的自主选择。

如果我关于上述两个要求的主张是正确的，那么，它们是如何相互联系的呢？当其中一个要求放宽松时，另一个要求就收紧了道德的绳索。如果你的宠物狗（由于走失）在野外的生活确实会很凄惨，那么，在未能满足它的某些需要（例如，适当的刺激、锻炼以及与其他狗的联系）的情况下，你或许能够满足提供大致相同生活的要求。但是，满足基本需要的要求不允许这种忽视。如果动物园里土拨鼠仅仅是基本需要得到了满足，但它在野外的生活可能更丰富，那么，依据提供大致相同生活的标准，把它继续关在动物园中就是错误的。

接受这些（或类似的）要求将有助于避免某些过分泛泛而谈的论点，例如，动物园的展览本质上是有害的，或必然侵犯动物的某些权利。动物园的一些重要批评者，包括戴尔·贾米森（Dale Jamieson）和汤姆·雷根，没有把**圈禁**（限制某人的自由权）和我们所说的特定意义上的**拘禁**（以这样一种方式限制某人的自由权：即**严重干扰某人对美好生活的追求**）区别开来。这种区分是重要的，因为只有拘禁会带来伤害。事实上，有时圈禁或对自由权的其他限制总的来说是有益的。毕竟，人们可能拥有**自由权**——没有外在的限制——而并不享有某些重要的**自由**。一个使用因特网的儿童或一只被捕食的动物也许都拥有自由权，但没有免于受罪犯／捕食者伤害的自由。

如果圈禁并非总是伤害动物，那么它是否仍然表现了对动物的**不尊重**？实际上，任何一种圈禁动物至少部分地是被**用于人类的目的**，例如娱乐（动物园的动物）和陪伴（宠物）。对动物的尊重也许要求我们把动物留在野外，并且不要为了驯养而生产动物。有些批评家指出，我们应该停止繁殖动物园的动物和宠物，在现有的动物死去后，不再用新的动物来替代它们，让驯养动物全面走向灭绝。

这种观点是没有说服力的。在正常情况下，根据**尊重自主性**的原则，对成年人的干涉需要得到他们正式的同意，无论这种干涉是用于社会福利（做研究），还是用于他们自己本身的福利（接受治疗）。但是，这个原则只适用于那些能够真正理解自己的最佳利益和价值的存在物；它并不适用于儿童或非人类动物，他／它们（只有极少数受过语言训练的类人猿除外）缺乏构成**自主性**的推理能力和决策能力。因此，代表儿童和动物作出符合他／它们利益的决定是恰当的。没有人强有力地辩护过这样一条适用于所有有感知能力的非人类存在物、要求我们任它们自生自灭的尊重原则。

由于收养宠物和动物园的动物既不是本质上有害的，也不一定是对动物的不尊重，因此，我们必须根据特定案例的具体情况来评估收养行为的恰当性。

宠物

让我们把话题返回到金毛猎犬珍妮。它的人类伙伴明显没有完全满足收养动物的两个条件。确实，如果珍妮成了流浪狗，它的处境很可能会更糟。虽然会过上更加刺激的生活，但它在大多数时间里都会挨饿，没有兽医的照料，还要遭遇极端恶劣的天气和多种户外的危险。所以让我们假定，提供大致相同生活的要求得到了满足：总的来看，珍妮的生活水平肯定不低于它作为流浪狗的生活。但它的人类伙伴因没有满足它对充足锻炼、刺激和陪伴的需要而违反了满足基本需要的要求。

由于作为一只宠物，珍妮的处境是常见的，所以探究它的人类伙伴如何能达到满足基本需要这一标准是有价值的。首先，他们可以极大地增加它在户外溜达的时间。既然他们有一个宽敞的后院，他们可以用栅栏把它围起来，允许珍妮有更多的时间享受户外活动；它可以在草地上玩耍、更多地聆听其他动物的声音、掏挖洞穴，以及从事锻炼其机能的其他活动。其次，他们还可通过收养另一条狗来使珍妮的生活更加丰富。花更多的时间直接与珍妮相处也会使它更加幸福。

这种改变是巨大的，会影响到一个家庭的生活方式，并且可能要承担相当的花费，例如修建栅栏。这是否意味着这种改变对人类照看者提出了过高的要求？没有。关键之处在于，**收养宠物是一项非常严肃的责任**。就像生养孩子一样，人们在接纳宠物之前必须作出周密而现实的计划，并且只有在能满足宠物的基本需要时，才能收养动物——假设提供大致相同生活的要求也能予以满足。毕竟，动物拥有道德地位，它们并不只是为了人们的快乐才存在的。

收养宠物是否恰当，这取决于特定案例的具体环境；这些环境决定了收养宠物的两个条件是否能够被满足。尽管如此，我们可能仍然要提出一个大胆的概括性观点：把外来的或野生的动物（例如猴子、老鼠、金丝雀、蛇和大蜥蜴）当作宠物来收养是错误的。指望能够充分地照料这

图8　一只待售的长臂猿幼崽

些动物明显是不现实的，因为它们被迫生活的处境完全不同于它们本性所适合的环境。所有者几乎总是对外来动物的特殊需要一无所知；人们也不能指望兽医能对野生动物的健康问题作出恰当的诊断。如果一只外来动物不会很快死去（大多数都会在几年内死去），那么，收养者可能会对它感到厌倦，却不能找到另一个心甘情愿的收养者。最糟糕的情形或许是，购买野生动物的行为鼓励了人们从野外捕捉动物，破坏了动物家庭的完整性，并导致了在运输、装卸过程中可预见的对动物的伤害，以及把生命作为商品来买卖的恶果。

与外来的动物相比，真正驯化了的物种（如猫和狗）与它们野生的祖先存在着一些明显的遗传差异，就像狗和狼的情况。通过人类的收养，驯化了的动物较之野生动物更适合与人相处。但人们应如何获取一只驯化了的动物？目前一个严重的问题是，这些动物过度繁衍，导致了它们无家可归的惨况（不论是在街上、庇护所还是某些国家的试验室里）和每年数百万动物被实施“安乐死”的结局。由于从宠物店或动物繁殖者那里购买宠物的行为助长了这个问题的持久存在（同时导致对宠物店里的动物的忽视），因而，从动物庇护所领养一只宠物也许是更为负责的行为。出于同样的原因，如果宠物还没有进行卵巢切除或阉割，那么对它们进行这种手术也是同样重要的。地方政府可以帮助建立一些收费较低的绝育手术诊所。

动物园的状况

人类搜集动物的历史源远流长，至少可以追溯到古埃及。动物公园或动物园指的是展览动物的公园，主要是为了娱乐、教育或科学的目的；它于18世纪开始在欧洲大陆出现。英国和美国的第一个动物园出现在19世纪。

如果人们没有从野外捕捉动物，动物园就不会存在。动物园收养动物的第一步就是捕捉野生动物并把它们圈禁起来。接下来的第二步通常就是野生动物买卖；交易的过程常常充满冷漠和残忍。许多动物在这一过程中死去，导致死亡的原因包括：艰苦恶劣且伴随虐待的旅程、致命的感染，以及对动物园环境的无法适应。人类捕掠者破坏了动物的家庭和它们的社会联系。此外，捕掠者为了便于抓捕，可能屠杀被捕获动物的家庭成员。例如，不久以前，黑猩猩的母亲在它的孩子被抓捕后通常都被杀死。

一旦某个特定种类的动物被圈养后，替代进一步捕猎的一个办法，就是利用动物园里的动物进行繁殖。逐渐地，繁殖濒临灭绝的动物就成了动物园规定的目标。从积极的方面看，繁殖项目能够保持遗传上的多样性，从而避免由于同系繁殖而导致的健康问题，能够防止繁殖的动物数量超出照料能力，还能把一些动物放生到野外。然而，一些动物园是为了把多余的动物卖给娱乐业而繁殖动物，或者不小心将生育期的动物关在一个笼子里，使其意外繁殖。

不同的动物园在条件上有着巨大的差异。动物园的范围包括那些实际上并不是真正的动物公园的“动物园”；景象最凄凉的动物园就是路边的巡回展览动物园——只有一只或几只动物被隔离地关在笼子里。某些更大的动物展览园把动物关在狭小而光秃秃的笼子中，这种做法绝不会鼓励参观者尊重野生动物；这类动物园既不会有利于教育和研究，也不会有助于物种的保存。但是，即使真正的动物公园条件也千差万别。有些动物园几乎与刚才提到的动物展览园一样景象凄凉。其他的动物园，如华盛顿的国家动物园，既有条件不错的展馆也有条件恶劣的展馆。最好的动物园倾向于保留较少的动物，给动物提供比较大的空间，并且几乎可以再现动物的自然生活环境（只是减少了大部分危险而已）。根据我掌握的文字材料，我认为最好的一些动物园是：亚特兰大动物园、布朗克斯野生动物保护公园、圣地亚哥野生动物公园、苏格兰的爱丁堡动物园和格拉斯哥动物园。部分是为了回应来自动物权利提倡者的批评，这些优秀的动物园目前都逐渐放弃了关押动物的铁笼子，而给动物建造自然化的生活环境，使动物园显得不那么像监狱而越来越像生态公园。

我们是否应该从野外捕捉动物?

没有任何关于动物园的伦理评价可以回避动物的获取途径这一问题。人类是否应该继续从野外捕捉动物？在回答这个问题时，我们必须思考相关的伤害。鉴于我们所知道的关于脊椎动物的精神生活——因为大多数动物园的动物是脊椎动物，我们可以想象捕获通常使动物承受疼痛、恐惧、焦虑和痛苦。就社会性动物而言，破坏它们的家庭或其他社会组织很可能导致它们的悲伤或其他形式的痛苦；而且，为了便于抓捕，它们的家庭成员还可能被杀害。运输被捕获的动物时要拘禁它们——在笼子里它们不可能过得舒适，并可能导致它们受伤或死亡。把这些精神紧张的动物带到一个陌生的环境很可能使它们感到不愉快，时常产生健康问题，有时在到达以后很快就会死亡。总的来说，这个过程肯定会给动物带来不愉快的情绪和暂时的拘禁，而且常常会导致死亡；有时还伴随着疾病和受伤。鉴于这些伤害，**我们有很充分的道德假定来反对从野外捕捉动物**。那么，动物园的几个主要目的是否可以在特定情况下推翻这个假定的合理性呢？这里所讨论的伤害是否能被看作是必要的呢？

在动物园的四个主要目的中，其中的三个——娱乐、科学研究和教育——基本上都是以人类为中心的。娱乐纯粹是为了我们的利益，不能充分证明使动物承受严重痛苦和其他伤害的合理性；只有当动物缺乏道德地位、且仅仅是我们使用的物品时，这样做才能够得到充分的证明。动物研究主要是为了人类的利益，然而有时也有利于动物——提高我们照料它们的能力。但是，大多数研究都不需依赖动物园进行。同时，教育至少主要是为了我们的利益。但是最近，一些动物园的辩护者声称，动物园能够且应该教育参观者，使他们明白自然保护和物种保存的重要性；通过改变人们的态度并唤起人们的保护行动，动物园最终有利于动物。然而，此种利益被延伸到动物身上的可能性是不确定的。同样不清楚的是，在我们这个多媒体的世界，这类教育为什么仍需要依赖于动物园。无论如何，即使有些有利于动物的研究和某些教育确实需要动物园，我们也已经拥有了足够多被圈禁的动物供人们使用。有计划地繁殖动物的方法也使这一假设——有必要从野外捕获更多的动物——不攻自破。

图9　一只正在绳索上行走的猩猩

物种保存的目的是否可以证明从野外抓捕更多动物的合理性呢？如今，很多动物园都把自己描绘成促进濒危物种之生存的机构。确实，动物园的某些辩护者宣称物种保存是动物园的**主要目标**——虽然动物园的预算只有很小份额用于这项努力。这个目标的一个优势是，几乎每个人都赞同它。但是它的重要性是有争议的。如果一个物种灭绝了，那么，我们不能在严格的意义上说该**物种**受到了伤害；物种不是拥有利益的存在物，所以不会被伤害。（事实上，物种是由人类的习惯和生物学的现实所共同决定的生物类别。）固然，一个生态系统的变化（包括那些由于物种灭绝而起的变化）会影响到动物个体。但是，物种X的灭绝和物种X少数成员的存活这二者之间的差异，对一个生态系统来说是可以忽略不计的——特别是如果它们仅仅是在动物园中生活的话。正如贾米森所说，保存物种主要是**人类的欲望**。物种的保存在没有其他冲突的情况下可能是值得的，但是，当它与特定动物的利益发生冲突时，它的重要性就变得很有问题，例如，当动物在被捕获、运输和引入动物园的过程中受到严重伤害的时候。被捕获的动物并没有从物种保存中得到好处。实际上，根据动物园保存物种的现实努力来判断，是否有任何动物能够从动物园保存物种的计划中得到好处，仍然很难说清。

事实上，动物园花了很大的努力保护了很少数的几个物种，并且仅仅成功地把几种动物放归野外；但是，目前大多数放归野外的努力都是失败的。而且，繁殖计划有时导致动物数量过剩——它们被拍卖，甚至“被实施安乐死”。通过少数动物来繁殖，常常会导致近亲繁殖，使得幼小动物抵抗疾病和环境压力的能力越来越差。虽然至少有几个动物园在物种保存方面做得比较好，但这些工作通常是在一些僻静角落的繁殖研究所里进行的，而那里是禁止参观的。这引出了进一步的怀疑：是否需要靠动物园来保存物种——特别是是否需要抓捕更多的野生动物。同时，对于达到这个目的，还有一个可能更为有效的方法：**减少人类对环境的破坏**。

基于这些原因，人类应该停止抓捕野生动物来展览。这有例外吗？动物园的辩护者弗雷德·孔茨（Fred Koontz）认为，抓捕有时对于增加圈养濒危物种的遗传多样性、从而降低近亲繁殖的危险来说是必要的。这个论断的合理性主要依赖于物种保存的重要性和通过动物园实现物种保存目标的可行性。对这两个条件中任何一个的合理怀疑都会削弱这个论断。从原则上说，合理抓捕特定野生动物的更有力理由是，这对**它们本身**是有利的。有人会认为，某些动物因其生存环境无法改善，已面临极大危险。但是，为了使动物真正受益，动物在动物园的生活就必须要比它在野外的生活更好，以使动物园生活的好处足以抵消动物在被抓捕、运输和引入动物园的过程中所遭受的多种伤害。即使动物在动物园的生活有时达到了这个标准，我们也很难乐观地相信，动物园管理者——他们要对很多利益（包括自我利益）负责——能够就动物在动物园的生活作出公正的判断。如果“不再抓捕野生动物”的原则真有值得允许例外的情形，那么，这些例外也应更多地应用于“较低级”的物种，因为这类物种没有丰富的精神生活，这可能使它们在从野生转变为圈养的过程中承受较少的伤害。

我们是否应该把动物留在动物园？

把已经捕获的动物继续留在动物园是不是正确的？想

想我们在本章开头谈到的两只狮子利奥和利昂娜。虽然它们得到了很好的喂养，没有病痛，条件舒适，但它们的生活处境缺乏丰富性，除了它们，再无别的狮子伴侣。它们感到厌倦，只有很少的锻炼，并且从未能完全施展它们的身体和精神能力。它们在野外生活的状况是否有可能更好——野外生活的丰富性常常伴随着许多危险——是有争议的。但是，即使获得大致相同生活的条件得到了满足，满足基本需要的条件还是没有实现，因为狮子对交往、锻炼和刺激的需要被忽视了。因此，在这种条件下收养利奥和利昂娜的做法是不能得到合理证明的。

收养动物的两个条件构成了严格的标准；目前只有少数动物园能够满足这些标准。不过，对大多数物种来说，这些标准是可以满足的，但需要足够的想象力、空间和资金。如果环境足够适宜，大多数动物的基本需要在圈养状态下也是可以满足的。在判断圈养生活是否与野外生活一样好时，我们必须现实地思考野外生活并避免把野外生活浪漫化。（虽然对动物园的最严厉的批评家可能在大部分情况下是正确的，但他们通常犯两个错误：（1）认为所有的圈养都是有害的或缺乏尊重的，并且（2）忽略了野外生活的不利条件。）野生动物通常都要面对疾病和受伤的风险、严酷的天气、食物的短缺和捕猎者。管理较好的动物园能够提供稳定的营养食物，使它们免受严酷的气候和捕猎者之害，并且有兽医的关照。在动物园，动物也许能够活得更久——这显然是一种利益，因为死亡是一种伤害（见第四章），并且可以避免许多痛苦的来源。

怎样才能使动物园在收养动物时满足这两个条件？除了足够的食物、有效的庇护和兽医的照料这些明显的要求外，动物园还应给动物提供充足的活动空间，保存动物的基本社会组织（对社会性的物种来说），创建富于创造性的生活空间——最好与动物的自然栖息地相似。富于创造性的生活空间可以使动物的生活更加充满刺激、活力和健康。提供丰富性的方式包括：把食物隐藏起来，放置在一个箱子里或其他不寻常的容器里，或者把它放在动物必须攀越或跳起才能获得的地方，假定这种不方便并不是残酷的；安排更多次但每次较少量的喂食，而不是每日一次或两次大量的喂食；提供多样的物件让动物能探索、操控和隐藏自己。在华盛顿的国家动物园里，猩猩有机会参加基本的语言培训——丰富性的一种新奇形式。毫无疑问，最具有丰富性、在其他方面也无可挑剔的展馆是这样一些展馆：它们使动物园和自然公园的界线变得模糊，给动物提供与其自然环境大致接近的生活环境，同时消除动物可能遭遇的绝大多数危险。

可能有一些动物园已经满足了确保基本需求和提供大致相同生活的条件。其他一些动物园可以通过进一步的改进来满足这两个条件。**那些不能或不愿充分改进以满足这些条件的动物园应该关闭**。“较低级”的脊椎动物可能只有较弱的感受痛苦的能力，拘禁给它们带来的损失可能较小；人们可能认为，教育、研究和物种保存的目的能够证明，有些收养这类动物的动物园的条件可以允许例外。另一方面，这些动物的简单需求使得满足这两个条件更容易，而允许例外很容易为谋取私利敞开危险的大门。因此，这是一个很好的反对存在例外的理由。（那些反对平等考虑而赞成区别对待模型的人可能只接受使基本需求得到满足的条件，并以此为基础，把更多的动物园和动物园展馆看作是符合道德要求的。）

对于大多数人来说，由于参观动物园只是一个偶尔的且花费很少的活动，因而联合抵制不合格的动物园将是效果不佳的。也许通过立法来确保动物园符合标准（如我们所提的两个条件）是必要的。路边的巡回展览动物园不能满足这类标准，应该被禁止。更普遍地禁止私人动物园也可能是最明智的举措。鉴于动物园令人沮丧的历史，以及动物园的倡导者总是倾向于用动物福利的花言巧语来掩饰其自私的或至少是服务于人类利益的目的，因而，利益的驱动似乎很难保证动物园的动物不被忽视和虐待。总之，唯一能够获得合理性证明的动物园，可能只是少数几个最好的公共动物园。这些动物园的空间是如此宽广和自然，以至通常很难看到动物。能够获得合理性证明的动物园的一个标志或许就是，借望远镜给参观者使用成为它的一项日常政策。

因为动物拥有道德地位，不是供人类使用的纯粹物品，所以关于动物园的讨论都把焦点集中在动物的利益上。但是我认为，动物的道德地位还引出了一种责任，这种责任不能完全从动物利益的角度来加以说明。这种责任就是，**培养尊重动物的态度，把动物作为拥有道德地位的生物来看待**。这不是对自主性的尊重，自主性的概念在此是不适用的；它也不是要完全排除对动物的任何收养——

图10　一头犀牛

这种观念似乎是没有根据的。它只是对这一事实的恰当认可：动物因其自身的缘故而具有重要性，而不仅仅是供人类使用的工具或娱乐的玩物。不幸的是，通过以下做法，动物园时常鼓励人们把动物看作是**为我们**而存在的：为了人类的娱乐而展示动物，而动物在这样一些环境里只能过着悲惨生活；剥夺动物本可以躲避人群侵入的住处；以及逃脱实施积极的教育措施（以培育人们对动物的尊重和赞美）的责任。总之，培育恰当尊重态度的最好方式，也许就是给动物提供与其自然栖息地相似的生活环境。

一些特例

满足基本需要和提供大致相同生活的标准适用于所有动物园的动物，但是，有少数特例需要我们注意。**就其实际效果而言**，这些标准只适用于那些拥有利益的生物，即有感知能力的动物。不拥有利益的动物不会被伤害（至少在与道德有关的意义上），因此也不会被不正当地伤害。它们没有需求，不存在好的或不好的生活。所以，我们没有前后一致的论点来反对收养没有感知能力的动物或反对在特定环境下收养它们——例外的情况是，动物园不能以助长对动物不尊重风气的方式（例如通过无故毁灭生命的方式）来展览它们。无感知能力动物的案例，为我们拒斥那种反对收养任何动物的动物解放伦理提供了另一个理由。

非人类生命等级的另一端是类人猿和海豚。它们的认知、情感和社会复杂性，为我们反对在动物园或水生动物展览馆收养它们提供了有力的认定。然而，我们在物种保存方面最强烈的兴趣就是对我们的近亲（类人猿）的保护。对这些动物的任何形式的收养必须满足前述两个条件。这可能意味着，要保护它们的家庭成员，给它们提供很大的空间以及能鼓励它们玩耍、攀爬、探寻和解决问题的生活环境。另一方面，在水生动物展览馆中收养海豚似乎不可能满足提供大致相同生活的要求。海豚的海洋生活习惯、它们远距离游泳的嗜好，以及它们丰富的社会组织形式，这些都使得它们的生活需要某种特定的环境，但是作为陆地动物的我们可能无法模仿构建这样的环境。人们可能还会怀疑，圈养能否满足它们的基本需要。不幸的是，我们仍未停止迫使海豚离开它们的自然环境，远离它们的家庭——仅仅是为了把它们圈养在水族馆中供我们娱乐。禁止海豚展览的理由是非常充分的。

第七章

动物研究

从1960年开始，在纽约的美国自然历史博物馆的科学家们开展了17年的关于猫的性倾向的实验。在这些实验中，研究人员以不同的方式把猫弄得伤残（例如，切除它们的部分大脑、毁坏它们的嗅觉、通过割断它们性器官的神经来消除它们的触觉），然后评估它们在不同情境下的性表现。例如，研究人员会计算被剥夺了嗅觉的猫"交配"的平均频率。虽然这项研究由（美国）国家儿童健康和人类发展研究所和国家健康研究所提供资助，但这项工作是否有利于儿童或任何人类，是难以弄清的。然而，这个博物馆的主管托马斯·尼科尔森（Thomas Nicholson）明显没有意识到承诺这类利益的必要性："这个博物馆的独特之处，就在于它有研究它所选定的任何项目的自由，而毋须关心研究的重大实用价值……我们打算坚持这种自由”（柏恩斯［Burns］引用）。在开展这项有争议的研究的日子里，虽然许多科学家也持有类似的观点，然而，甚至从纯粹科学的立场来看，他们显然也没有找到能证明这项研究之重要性的证据；已经发表的21篇以猫的性倾向实验为依据的论文，几乎没有一篇被其他科学文献所引用。尼科尔森关于动物研究的自由放任主义态度也没有得到公众的赞同；动物保护主义者亨利·斯皮拉的努力使公众了解到了这项实验（辛格的著作对斯皮拉的努力和这项实验都进行了介绍）。市民给自然历史博物馆、国家健康研究所和国会写信进行抗议，促使国会给国家健康研究所施加压力；该研究所终于在1977年停止了对这项实验的资助。

在灵长类动物研究中心（麦迪森，威斯康辛）工作的哈利·哈洛（Harry Harlow）是一名德高望重的心理学家。他从20世纪50年代到70年代开展了一项有关幼猴的实验。这些幼猴自出生起就被完全隔离起来饲养，既不与猴子也不与人接触。为了探索影响母子情感的因素等课题，哈洛和他的同事研究了社会隔离（包括剥夺母亲）、被抛弃以及其他各种折磨方式对幼猴产生的心理影响。在大多数实验中，幼猴都会遇到一个代理母亲——有些是由铁丝做的，有些是由布做的；有些易于接近，有些则放在有机玻璃箱中，无法触摸。在各种使实验对象恐惧的情景中（幼猴由此通常都会表现出自我紧抱、摇摆和抽搐这类异常行为），幼猴在代理母亲面前的表现都被加以研究。为了完成某些实验，哈洛还给那些被剥夺了母亲的幼猴设计了某些它们会尝试去亲近的“怪物”。这些“怪物”包括一个用布做成的、能喷出高压气体的猴子“母亲”，一个摇摆得如此猛烈以致令幼猴的头嘎嘎作响的“母亲”，一个会把幼猴猛然抛开的“母亲”，以及一个朝幼猴突然发射长钉的“母亲”。幼猴通常都试图接近这些怪物母亲，甚至在被抛开之后。后来，哈洛单独饲养雌性猴子，使它们人工受孕，然后让它们与自己的婴儿呆在一起；有些母猴仅仅是不理这些婴儿，有些则攻击或杀死这些婴儿。后来的实验还加入了“恐怖的隧道”和“绝望的井坑”这样的革新。（后一个实验产生了这样的结论：“一个在立式空间中被拘禁45天的幼小动物，会表现出严重和持久的、压抑性的精神病理行为。”）哈洛虽然研究了某些重要的问题，可能还揭示了母子情感纽带的某些特征，但是，一些心理学家还是提出了这样的疑问：哈洛是否发现了任何不用猴子做实验就不能发现的重要问题。有人可能会指出，这项研究（辛格的《动物解放》一书对它作过描述；也可见于奥兰斯［Orlans］、比彻姆［Beauchamp］等，以及泰勒的著作中）至少让我们知道了剥夺母爱所产生的后果，而这确实是一个重要问题。但是，在哈洛做这个实验之前，约翰·鲍尔比（John Bowlby）——这个领域最重要的一个研究者——已经得出结论说：长时间地剥夺母爱会对儿童产生严重的消极影响。鲍尔比不是通过使用猴子来推知人类的小孩，而是通过研究难民、战争孤儿和收容所的孩子。

图11　一只被关在笼中、植入电极的猴子

猫的性倾向实验和哈洛的研究挑战了这一观点：动物研究永远不应受制于对动物福利的关心。相反，今天进行的许多实验（例如，在艾滋病和癌症研究领域）都既试图找出影响人类健康至关重要的因素，同时又限制对动物研究对象的伤害。总的来看，尽管与工厂化农场相比，动物研究越来越受到更多公众的关注和批评，但是，赞成动物研究的道德理由似乎更充足。首先，至少在许多发达国家，政府已制定了一些旨在尽量减小研究用动物之痛苦和悲伤的法律和法规；对工厂化农场动物的保护则要弱得多或根本不存在。其次，全球每年用于研究的动物数量估计在4,100万到1亿只之间，而仅在美国的工厂化农场，每年所屠宰的动物数量就有50多亿。最后，人们可以合理地认为，与工厂化农场不同，动物研究能够给人们提供一些重大的、通过其他途径无法获得的利益。尽管如此，动物研究是否能够被证明是合理的（如果是合理的，那么在何种情况下是合理的），则仍然是有争议的。这一争论涉及有关动物道德地位的根本问题；在这种背景下，区分“动物权利”的三种含义（见第二章）是非常重要的。

一些背景

在这里的讨论中，“动物研究”一词是从广义上来理解的，它包括几种不同的含义。一种含义指的是**对全新的科学知识的追求**。（如果从狭义上来使用“动物研究”一词，那么，它指的就是追求这种知识的努力，与试验和教育意义上的动物研究有区别。）这种意义上的动物研究包括两种类型：寻求关于生理过程和生理功能之新知识的研究（基础研究），以及寻求医学、兽医学和生物学的新知识以促进人类、动物和环境之健康的研究（应用研究）。动物研究的另一含义指的是**试验**，即评估化学产品和其他产品的安全性。最后，动物可能被用于**教育目的**，例如，用于科学展览项目、解剖和外科实习。由于从教育角度对动物的这种使用并非都是实验，因而“研究”一词的含义也有所扩展，包括了对动物的这种使用。

作为一项重要的科学活动，动物研究是在19世纪早期兴起的。部分地是作为对法国的弗朗索瓦·马让迪（François Magendie）和克洛德·贝尔纳（Claude Bernard）的开创性工作的回应，反对活体解剖的运动在

19世纪的英国诞生。有组织地反对动物研究的运动尽管有很长的历史，但是，直到1977年国家健康研究所终止关于猫的性倾向实验之前，它都没能阻止任何一个实验。而到1977年时，人们已经制定了一些适用于动物研究的法律和法规。

1966年在美国，关于宠物狗被偷盗、被动物贩子虐待并卖给研究实验室的事件披露之后，激起了人们普遍的愤怒情绪。同年，《实验室动物福利法》——它之前主要是一个保护宠物的法案——变成了法律。接下来的修正法案（它的名称缩短为《动物福利法》）增加了关于研究用动物的照顾和使用的条款。这些条款在美国的科研体制下规定了镇痛药物的使用、笼子的空间要求，以及成立动物照顾与使用委员会；在这一体制下，获得联邦资助的研究机构基本上都是自行管理的。

虽然美国的立法明显地代表了在动物保护方面取得的进步，但是，它经常受到动物保护者和西欧国家（它们对动物的保护更严一些）代表的批评。一个问题是，《动物福利法》的适用对象并不包括农场动物、鸟类、爬行动物、两栖动物或鱼类。难以置信的是，它甚至不包括使用最为广泛的研究对象：大白鼠和小白鼠。然而，这种状况会在2001年10月有所改变。美国农业部的一个新法规（它扩大了法规管理的范围，使之包括鸟类、大白鼠和小白鼠）将被实行，除非美国国会连续两年阻止这个法规的通过。无论如何，公共健康服务局制定的政策适用于该局资助的研究项目所使用的所有脊椎动物。另一个问题是，本意是用来指导对动物的关爱和使用的公开颁布的原则却包含着这样一条，它潜在地允许不遵守其他所有原则的各种例外出现："鉴于这些原则应有例外的情况……"这项原则对允许例外的情形并未提出任何限制。与之相比，《关于使用动物进行医学研究的国际指导准则》却避免了这样一个全球性漏洞的存在。

在英国，早期的反对活体解剖运动（见第一章）对民众产生了广泛的影响，这确保了《防止虐待动物法案》在1876年的通过，这个法案保护的重点目标是用于研究的动物。根据罗伯特·加纳（Robert Garner）所作的历史分析，这项法案对于动物研究者的行为产生了影响，防止了一些严重的虐待，或许还挫败了一些本来要进行的动物实验。1906年由政府指定成立的一个皇家委员会实施了一些改革，例如，任命全职的监察员，制定了一项法规（要求无痛屠宰那些遭受严重而持久之痛苦的动物）。随着当代动物权利运动的兴起，对动物研究的关心在20世纪60和70年代再度升温；但是，英国公众不得不等到1986年，才迎来下一个重要的立法改革——《动物（科学研究程序）法案》。正如加纳所解释的，新法案要求研究人员必须获得一个个人执照（每5年复查一次）和一个特定实验程序的项目执照。此外，新法案还创立了一个动物研究规则委员会，其成员包括动物权利的倡导者；新法案还要求动物繁殖者和供应者到有关部门登记注册并服从检查。

纵观全世界的动物研究历史，支持者们一再声称，动物研究能带来重要的好处。他们指出，动物研究在开发无数新的医疗方法和治疗技术方面，以及在推进生物学基础知识方面，都发挥了重要的作用；他们提到的取得重要进步的领域包括：阿尔茨海默氏病、艾滋病、基础遗传学、癌症、心血管病、血友病、疟疾、器官移植、脊椎损伤的治疗和无数其他的疾病。虽然大量的动物研究旨在促进人类的利益，但支持者提醒我们，这种研究也带来了其他利益，即提高了我们照顾动物的能力。这类利益包括：用更先进的药物和技术来治疗生病或受伤的宠物、用抗菌素来治疗牛的乳腺炎，以及通过行为研究来加强对野生动物的保护。

评估动物研究价值的困难

毫无疑问，动物研究为生物医学的许多进步铺平了部分道路。**但这并不意味着，动物研究对于这类进步来说是必需的**。打个类似的比方：我可以搭你的车去地铁站，但这并不意味着我一定需要搭你的车去那里；也许我可以走路或坐公交车去。实际上，有些批评者可能会说，**即使没有**动物研究，我们也能取得生物医学方面的进步。

这些批评者怀疑，非人类动物对人类来说是不是适宜的科学模型。很明显，老鼠、狗和猴子不是人。我们或许可以说，动物模型**可能**引起误导，导致严重的后果。例如，休·拉富勒特（Hugh LaFollette）和奈尔·尚克斯（Naill Shanks）曾指出，错误地依赖动物模型使有效的小儿麻痹症疫苗的研发延迟了许多年。

不过，我们可以合理地推定，由于不同物种的动物在生物学和心理学方面存在着相似性，因而适当的动物模型在生物医学的进步过程中通常都能提供有价值的信息。但是，如果还有不使用动物的其他方法来实现生物医学的进步，情况又会怎样呢？如果使用动物不是必需的，那么，赞成动物研究的理由就远不是那么充分了。因此，关键的问题是：**只能**由动物研究提供的好处究竟有多大？

这是一个非常复杂的问题。解决该问题需要比较两种进步：（1）对动物实验对象的实际使用能够取得、或已经取得的进步，（2）依靠最佳的非动物模型能够取得、或本可以取得的进步。对第二种进步的评估是猜测性的，因为它是假设的。除非动物研究的提倡者能够令人信服地对这两种进步作出精确的比较（我怀疑他们能够做到），否则，即使他们能够正确地指出，动物研究已经带来了好处，他们也没有资格声称，动物研究对于那些好处的获得是**必需的**。此外，我们必须记住，动物研究所带来的特定好处仅仅是**可能的和期待中的**，而对动物实验对象的伤害却是直接的和确定的（因而，无数的实验伤害了动物而没有带来任何好处）。任何真正的成本效益分析都必须在权衡收益与可预测的伤害之前，对预期中的收益**与实现这种**

收益的可能性加以比较。由于存在着动物研究替代品的可能性，而且，在进行真正的成本效益分析时需要考虑成功的可能性，因而，动物研究的价值似乎比它的提倡者通常所宣称的要小。

重要的目的能证明有害手段的合理性吗？

让我们假定，动物研究承诺的某些好处是无法通过其他途径实现的。这能够证明以伤害动物的方式使用动物（它们显然不能给予正式的同意）是合理的吗？人们通常都认为，如果某些利益是不能通过其他途径获得的，那么，有利的成本效益比率就能自动地证明对动物的特定使用方式的合理性。但是，这个结论是不能成立的。毕竟，如果我们以特定方式来使用人类受试者也能获得某些利益，而这些利益是不能通过其他途径获得的，而且，这种使用方式的成本效益比率也是有利的；但是，该事实本身并不能自动地证明，对人类受试者的这种使用方式是合理的。我们承认，对人的使用存在着某些伦理限制，例如，需要征得有行为能力的成年受试者的正式同意，而且，为获得预期收益所冒的风险必须是合理的。这些伦理限制构成了生物医学研究者不能逾越的行为边界。因此，很长时间以来，我们实际上已经接受这样的观点：我们必须放弃某些有潜在价值的研究，例如，某种虽然很有前途，但会使人类受试者面临巨大风险，而该风险与预期的利益不成比例的儿科研究。

因此，动物研究的关键问题是，动物的道德地位能否排除或限制那种把它们用于研究的做法，不管是否有潜在的利益。强式动物权利论从超功利的角度来理解权利，它反对为了其他动物个体的利益而伤害某些动物个体（在没有征得它们同意的情况下）。这种立场几乎排除了把动物用于研究的做法，但又不完全排除。它允许（1）确实不会伤害动物受试者的研究和（2）兽医的治疗性研究——即为了动物受试者本身的最大利益进行的研究（例如，在没有现存的治疗它们的疾病之方法的情况下）。

强式动物权利论**可能**还接受另一类动物研究。乍一看，平等考虑似乎会支持那种对研究对象**仅造成最小风险**的非治疗性动物研究。因为几乎每个人都接受对儿童采取（他们和动物一样，不能给予正式的同意）最小风险的标准。然而，尽管强式动物权利论的提倡者接受平等考虑的理论，但是，他们可能甚至会反对在非治疗性的研究中，将非常小的已知风险强加于动物（或者儿童）的做法。他们可能认为，最小风险标准未能恰当地尊重儿童受保护的权利。

不管强式动物权利论是否接受对动物的最小风险标准，另一种平等考虑理论，即功利主义，则明显是接受这种标准的。事实上，功利主义者走得更远。他们接受那种给动物带来的风险超过最小风险标准的动物研究，只要预期的利益——考虑了成功取得这些利益的可能性，并把动物的利益看得与人的类似利益同等重要——超过成本，并且是在使用其他方法不可能取得更佳的利益成本比率的情况下。现在，那些正确地应用了他们的理论的功利主义者（不同于那些普遍贬低动物利益的重要性的“功利主义者”）基本上都认为，几乎没有什么动物研究能被证明是合理的。不过，由于功利主义者允许某些非治疗性的、超过目前的最小风险标准的动物研究，因此，像彼得·辛格这类功利主义者得出的观点就明显不同于汤姆·雷根这类强式动物权利论者的观点。注意，至少在原则上，功利主义同样为在研究中使用非自愿的人类受试者的做法敞开了大门。

与功利主义相比，区别对待的理论（例如，它认为动物的痛苦和人类的痛苦相比具有较少的道德分量）则对动物研究持一种较为欢迎的态度。然而，因为它赋予了动物道德地位，否定它们仅仅是我们使用的工具，所以这种理论也许会反对目前的许多动物研究（特别是涉及到“较高级”的动物时）。这类研究包括：不能带来真正利益的实验（如猫的性倾向实验）、仅提供非必要利益的研究（如新化妆品的测试）、导致过多伤害的研究（如哈洛的许多或所有研究），以及明显可以使用替代方法的动物研究（如许多出于教育目的对动物的使用）。

伤害与代价

我们已经探讨了动物研究的可能利益，以及这种利益是否或者在哪种程度上能够证明伤害动物是合理的。我们现在必须思考相关的伤害和其他与之相关联的代价。让我们先来考察一下实验过程中给动物带来的伤害；这些伤害的阈值包括从不伤害到非常严重的伤害。户外研究中对动物的单纯观察不会伤害动物。从一只实验室动物身上抽取一个简单的血样或进行一次阴道涂片采样可能仅仅导致最轻微的不舒适感。另一方面，经常抽取血样或把动物强行关押在被控制的环境中（例如在气雾吸入室）可以算作中等程度的伤害；给怀孕动物实施剖腹产手术也属于此类伤害。严重伤害的例子包括长期剥夺动物的睡眠、食物或水，诱发癌肿瘤，导致大脑损伤（如宾夕法尼亚大学用狒狒所做的臭名昭著的脑损伤研究），以及强迫动物服用一种药剂直到半数动物死亡（如对新产品所做的五成致死剂量测试）。

一般来说，动物受试者要么在实验过程中、要么在实验完成后被杀死。虽然认为死亡既伤害动物也伤害人（不管是否在相同的程度上——见第四章）的观点听起来是合理的，但是，目前关于动物研究的政策法规只包含最大限度地降低动物的痛苦和悲伤的条款，而不包含避免死亡的条款。关于动物利益的这种过分简单化的观点意味着，那种没有给动物带来任何体验性的伤害、而只是“牺牲”它们性命的研究是没有伤害的。虽然终结了通过其他方式无法避免的痛苦的死亡可能只是一种较小的恶，但它仍然是一种我们不可忽视的伤害形式。

给动物受试者带来的伤害还体现在动物的生活环境上。研究用动物通常都生活在狭小的笼子里，这是一种有着很少或根本没有丰富性的、非常不自然的生活环境。无聊和缺乏伙伴是常事。虽然美国目前的法规要求，要给狗提供活动的机会，确保灵长目动物的心理需求得到满足，但是，绝大多数研究对象都是“更低级”的哺乳动物，它们并未被纳入此类法规的保护范围。第六章曾对收养动物的两个标准作过辩护：动物在生理和心理方面的基本需要必须得到满足，并且要给动物提供一种至少与它们在野外可能获得的生活同样好的生活。目前，研究用动物的生活环境很少能满足这两个条件。只要有足够的经费、想象力和决心，研究者也许是能够给几乎所有种类的研究用动物提供满足这些条件的生活环境的。通过给它们选择的机会并观察它们的选择，研究者甚至可以了解动物的内心想法（史密斯［Smith］和博伊德［Boyd］提供的有用建议之一）。使研究用动物的生活环境满足以上两个条件不仅在道德上是正确的，它还能提升科学研究的质量，因为紧张、疾病和其他不必要的伤害会使不同的动物受试者作出不同的反应，从而导致研究数据的混乱。

对动物受试者的处置同样会引起伤害。粗暴的处置（如在给动物注射之前强行制服它）会给动物带来极度的悲伤和痛苦；之后，当处置者再出现时，动物对创伤的记忆会导致它的恐惧。相反，主动引导动物予以配合的温和处置可以基本上避免此类伤害，特别是，如果能用培养友好关系和细心照顾的方式来辅助就更好了，而这些工作需独立于实验过程展开。

获取研究用动物的过程也是伤害的另一个可能来源。如果需要把动物从实验室之外的某个地方运送到实验室，那么，运送过程既有可能只对动物造成轻微影响，也有可能会使动物非常紧张。动物受试者应当从什么地方获得？美国生物医学研究学会为自己的下述“权利”进行了很长时间的游说：使用从动物庇护所或待领处那里获得的狗和猫以降低成本，以及从野外猎取动物。然而，这种观点是可疑的。正如我们在讨论动物园（见第六章）时所看到的，从野外抓捕动物的过程给动物造成的伤害非常之大，因此这种事情应尽量避免。同时，对很多动物来说，从先前的宠物转变为实验室受试者的过程可能会令它们非常紧张和恐惧。以这种方式获得动物也间接地鼓励了遗弃宠物的行为（通过使过剩的动物得到“良好利用”），并使动物庇护所不再是动物的避难场所。我认为，使用专门被饲养来做研究的动物要好得多，正如英国和其他许多欧洲国家的法律所要求的那样。

除了我们已经讨论的各种伤害，一个更大的成本值得仔细考虑：金钱。政府赞助的研究使用的是纳税人的钱。追逐利润的企业所赞助的研究（例如产品测验）使用的是股东的钱。很明显，虽然不使用动物的替代研究方法没有伤害到动物，但这种研究也要承担资金成本。

我们已经简单概括了动物研究的主要伤害和成本，现在让我们来讨论人们经常提出的一个问题：是否存在某些伤害是动物受试者永远不应遭受的，不管这种伤害所带来的潜在利益如何？从成本效益的角度看，一个拟议中的实验需要具有多大的成功希望才能被证明是合理的？

我们可以依据前面考察过的观点来回答这两个问题。根据强式动物权利论，不应把动物用于非治疗性的、会伤害到动物的研究，至少不应使它们承受高于最低标准的风险。由于对动物受试者的**所有**伤害都应加以考虑，因而，给动物提供的生活环境应达到满足基本需要和享受大致相同生活的标准。同时，拟议中的研究的前景似乎没有被看作一个关键的因素。与之相比，对于最低风险的标准和收养动物的两个条件，功利主义论者可能都会允许一些例外，前提是如果没有其他更少伤害的方式来使得利益的总

把动物用于研究的三种标准

强式动物权利论

只有当（1）对动物的使用没有伤害到动物，或者（2）对它们的使用总的来说符合它们的最大利益（治疗性研究）时，动物才可以被用于研究。这种观点可能还允许当（3）对它们的使用只给它们带来最低限度的风险时，动物可被用于研究。

功利主义

只有当对动物的使用所产生的利益总量——考虑了成功的可能性——最大限度地超过伤害总量，而且，所有各方（包括动物）的利益都得到了公正的考虑时，动物才可以被用于研究。

区别对待模型

只有当对动物的使用与它们的利益所具有的道德重要程度（其重要程度可根据动物在认知、情感和社会性方面的复杂程度来判断）相一致时，动物才可以被用于研究。

量最大限度地超过伤害的总量。一个实验究竟有多大的收益，必须连同伤害和成本全盘地加以考虑；从原则上讲，既不存在一个可容许的最大伤害阈值，也不存在必需的、最低限度的利益承诺。但是，由于功利主义同等地看待动物和人的痛苦，而且研究的利益只是期待中的利益，因而，这种理论可能只支持那种能满足迫切的医学需要、而且又很少给动物受试者造成巨大伤害的研究。和功利主义一样，关于给动物受试者造成的可允许的伤害和必要的利益承诺，区别对待理论者也没有提出具体的要求。然而，在这种观点看来，依据与动物研究有关的伤害和花费，拟议中的研究必须能够令人信服地证明这些成本的合理性。

替代方法

我们在前面讨论重要利益能否证明伤害动物的合理性时曾假定，在寻求那些利益时，没有能够代替动物使用的可行的替代方法。现在让我们来讨论替代方法的问题。由于可靠的替代方法能够消除或减少与研究相关的伤害，因而它们是值得大力追求的。

但是，确切地说，什么是替代方法？有时这个术语指的仅仅是用其他方法来**替代**对动物完整个体的使用，特别是那些在**体外**——字面意思是**在玻璃（试管）内**——进行的研究。但是，这个术语通常更广泛地指“3R原则”（由罗素［Russell］和伯奇［Burch］提出）：除了替代（replacement），还有**减少**（reduction）实验所需动物的数量和**改善**（refinement）现有的技术以便最低限度地减少动物所遭受的疼痛、悲伤和痛苦。减少有时是通过优化的统计学方法来实现的，它降低了取得重大成果所必需的动物数量。改善的例子包括：在实施一个程序之前使动物适应实验的环境，减少紧张；最佳地使用麻醉剂和止痛药以减少动物的痛苦；良好的处置技术；改善动物的生活环境，减少无聊和促进健康；以及人道地终止实验（例如依据特定的临床指标）而不是在令实验对象死亡后才将其终止，如在毒性试验或疫苗效能试验中。美国仁慈协会已发起一项动议，拟通过改善现有技术，到2020年消除实验室动物所遭受的所有重大痛苦和悲伤。

除了能提升动物的福利，替代方法从科学或经济的角度来看有时候也是更可取的。在某些情况下，不使用动物的研究方法是解决特定问题的最直接手段——这是药理学、生物化学以及相关的领域日渐趋向于使用试管方法的一个主要原因。通常，利用人类的器官、组织或细胞，或甚至人类志愿者进行研究都是可能的，这使得依据动物的资料来推断人类状况的做法变得没有必要。而且，替代方法的花费有时比使用动物更少。

虽然有动物保护组织强有力的支持并受到广大民众的欢迎，但是，寻求替代方法的运动还是遭到了生物医学研究学会的抵制，并遇到了其他一些障碍。二战以后，新法规要求对动物的研究应先于对人的研究，生物医学研究获得了大量资金，化学工业蓬勃发展，这些都推动了把动物研究作为生物医学研究之起点的强势传统的形成。理所当然地，传统培育了习惯，而习惯（如根据动物模型来思考的习惯）的消除是很缓慢的。而且，某些害怕动物权利行动主义者的生物医学领导者感到，接受替代方法会向公众传达这样一个信息：他们“输给了”动物权利的行动主义者。另外，直到今天3R原则也没有被充分认可为是成熟的科学原则。研发替代方法的公共资金的缺乏（尽管某些私营部门是非常慷慨的）进一步加剧了这些困难。尽管存在着这些困难，近年来，我们还是见证了替代方法在教育、试验和创新性研究方面所取得的长足发展。

医学院和兽医学院长期把活动物用于生理学和药理学教学以及手术实践中。动物通常也被用于高中年级的解剖课和高中生举办的科学展览。然而，替代方法已经开始受到青睐。例如，为了达到某些教育目的，医学、兽医学和中学的学生现在经常使用互动性电脑模型或其他视听设备；这种做法的好处之一就是，可以重复观看动物和人的模型。同时，公众对动物福利日益增长的关注，已明显使得美国科学展览的参与者对动物的使用采取了更严格的限制——以减少动物数量或改善技术的形式。这些限制并不依赖于法律制裁，因为《动物福利法》并未要求小学和中学遵守其规定。相反，英国禁止大学本科以下的学生实施可能导致脊椎动物疼痛或痛苦的干预行为，而许多欧洲国家的法律也限制在中小学使用动物。

新产品（如杀虫剂、药品、洗发精和化妆品）在投入市场之前，为了安全通常都要先在活的动物身上做试验。在美国，大量的试验并不须服从政府有关动物使用的规定，因为许多公司的研究不是由公共资金所赞助的。不过，有两种动物测试受到了广泛的批评，即五成致死剂量和眼刺激测试——主要是由于亨利·斯皮拉的努力——并激起了寻求替代方法的运动；这些测试现在已很少被运用。五成致死剂量测试强迫动物服食一种产品，如唇膏，直到半数动物死去。在眼刺激测试中，可能有毒的物质被直接涂抹到有意识的兔子的眼中，直到它们的眼睛严重受损。由于公众日益关注此类测试，1981年，在雅芳、百时美和其他公司（这些公司都有着长期使用动物进行测试的历史）的资助下，约翰·霍普金斯大学成立了动物测试替代方法研究中心。两年后，美国食品药品管理局宣布，它不再需要企业提供五成致死剂量数据。传统的毒性测试的替代方法包括：限量测试法，在这种实验中，只有很少量的啮齿类动物被注射单一剂量的测试物质，以便确认是否导致死亡（这是一种既减少了测试动物的数量又改善了测试技术的方法），以及使用合成皮肤（替代品的一个例子）的腐蚀性测试。此外，某些新的化学制品在电脑程序证明了它们的毒性之后就不再加以考虑。2000年，3个美国联邦机构同意，用通过合成皮肤腐蚀性测试获得的关于化学品安全性的数据来代替动物测试的数据。同年，欧盟把3

种试管毒性测试作为其官方指导标准，这意味着，在能够进行这3种测试的欧盟15个成员国将禁止动物测试。

虽然替代方法在教育和测试领域已明显取得重大进展，而且，很少有人会怀疑，在创新性研究中改善实验技术和减少动物数量是可能的，但是，有人可能仍然会怀疑替代动物在创新性研究中的可行性。“没有什么东西可以替代真实的事物”，人们听到了这样的声音。然而，最“真实的事物”就是人本身，因为，几乎所有寻求新科学知识的动物研究的目的，都是为生物医学提供有用的数据！无论如何，在医学领域，替代方法的发展已经取得了重大的进步，其中一些涉及到人类。例如，流行病学的研究有助于确认导致特定的人类疾病的因素。在某些情况下，人类志愿者可以参与诊断过程的测试或生理学的研究，而无须先做动物试验。另一个发展的领域是使用培育的组织和细胞——包括人和动物的组织和细胞。例如，人的癌细胞可以**在试管中**培育，并用于各种研究；这可以代替对活的动物的使用。现在，有数百个机构在进行基础研究时使用的都是人的神经细胞培养物。在病毒学研究、单克隆抗体生产和疫苗试验方面，人们有时也用细胞培养物

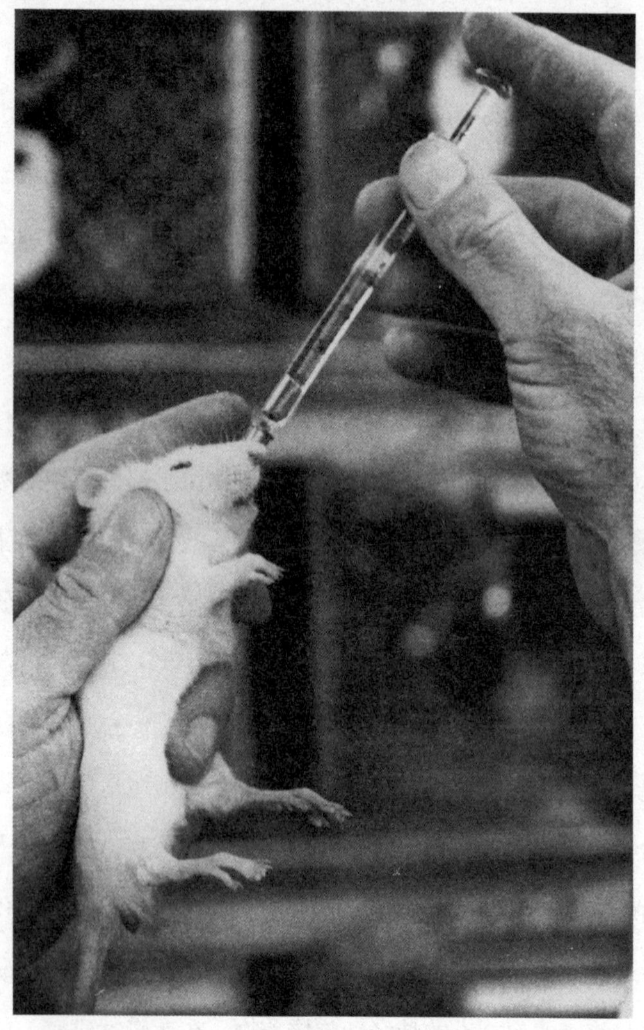

图12　一只正在接受五成致死剂量测试的老鼠

来代替对动物的使用，尽管某只动物可能会被杀死以提供细胞样本。有时，电脑模型在模拟生物和化学系统方面是很有用的。另一个新的发展就是使用新的成像技术，如超声波、磁共振成像和正电子发射层析成像扫描；这使得对活人的大脑和身体的研究无须对人或动物做侵入性检查。

替代方法到底能带领我们走多远？不久前，人们还（错误地）相信，不使用动物的方法对于病毒测试是不可能的。所以，我们必须谨防悲观的预测。另一方面，草率地宣称替代方法可以取代所有的动物使用并能维持**同样水平**的研究进展，这似乎也太过天真——或至少没有足够的证据支持。但是，正如先前所提到的，令人称赞的目的不足以证明其有害手段的合理性。在认真对待动物的人看来，正如伦理原则构成了我们把人——尽管他们是最可靠的科学模型——用于研究的极限一样，伦理原则同样构成了合理使用动物的极限。毕竟，动物并不是工具。或许，可行的替代方法的进一步发展构成了动物权利提倡者和生物医学都能够接受的共同基础。